大北黛诺　编

透过典型案例
探讨事故基本问题

化学工业出版社

·北京·

本书针对人们活动中的事故，主要介绍了事故的特征和定义、过程和阶段，事故的根本原因及其表现形式，提出了预防事故和减轻事故危害的一般性措施，并对一些典型的事故案例进行了较为深入的剖析，旨在为安全工作者探讨安全理论、提升工作针对性提供一些思路与建议。

本书可供企业技术人员以及生产管理、安全管理、应急管理、应急救援人员阅读，也可供行业安全生产监督管理人员等参考。

图书在版编目（CIP）数据

透过典型案例探讨事故基本问题/大北黛诺编.
—北京：化学工业出版社，2020.3
ISBN 978-7-122-36143-1

Ⅰ.①透…　Ⅱ.①大…　Ⅲ.①事故分析-案例
Ⅳ.①X928

中国版本图书馆 CIP 数据核字（2020）第 026105 号

责任编辑：冉海滢　刘　军
责任校对：王素芹　　　　　　　装帧设计：关　飞

出版发行：化学工业出版社(北京市东城区青年湖南街 13 号 邮政编码 100011)
印　　装：大厂聚鑫印刷有限责任公司
880mm×1230mm　1/32　印张 3　字数 54 千字
2020 年 5 月北京第 1 版第 1 次印刷

购书咨询：010-64518888　　　　售后服务：010-64518899
网　　址：http://www.cip.com.cn
凡购买本书，如有缺损质量问题，本社销售中心负责调换。

定　　价：36.00 元　　　　　　　　版权所有　违者必究

前　言

　　人类活动中发生的事故，挥之不去、飘忽不定，在人们毫无预料的情况下突然降临，带来人身伤害、财产损失，甚至是生命消亡。事故为什么会突然发生？导致这些事故发生的种种原因有没有共同的特点？事故发生和发展是否也存在阶段性过程？我们怎样做才能最大限度地避免事故的伤害？本书试图从厘清事故特征和定义、研究事故过程入手，分析人的思想、行为与事故之间的关系，探究事故发生的一般规律，提出预防事故的基本原则和措施建议，为广大读者，特别是安全管理工作者提供参考。

　　感谢中国石油大学（华东）教授赵东风先生、中国危险化学品安全协会秘书长路念明先生，在本书的写作过程中，他们给予了许多鼓励和支持。感谢长期从事安全生产工作的张秀文、范长华、王建先生，他们在百忙之中审阅了书稿，并提出了许多宝贵意见和建议。还要感谢应急管理部化学品登记中心高级工程师纪国峰先生，山东潍坊润丰化工股份有限公司孙国庆先生，以及滨化集团股份有限公司安全总监、高级工程师贾国庆先生，他们对本书的写作和出版也给予了多方面的支持和帮助。

由于编者水平有限，书中可能存在许多不当或疏漏之处，诚请各位读者批评指正。

编　者
2019 年 9 月

目 录

第一章

事故及其特征

事故是一类特殊的事件，此类事件会造成人身伤害或者财产损失等对人不利的后果。那么，事故到底有哪些特征？造成不利后果的凶手是谁？给事故下一个怎样的定义才更科学、更准确？在研究事故一般规律之前，我们必须先搞清楚这些基本问题。

一、事故的特性

根据人们对事故的一般认识和理解，通过对大量具体事故案例的分析，可以总结归纳出事故的明显特性有以下七个方面：出乎人的意料、违背人的意志、造成伤害或损失、小概率、受害者不特定、伴随能量失控（或不当释放）和可以预防与控制。

特性之一：事故出乎人的意料。事故是在人的活动过程中发生的，包括活动组织者、实施者、参与者等与活动密切相关者在内，事前都不知道事故发生的时间、地点、方式及其造成的后果。几乎所有事故发生，都会给当事者造成这样强烈的冲击："没有想到！"。这一点很容易理解，如果活动组织者、实施者、参与者事前能够"知道"事故会发生，甚至"想到了"在何时、何处、发生何种事故、造成何种后果，他们就会采取措施（包括终止活动）加以避免。也就是说，如果活动组织者、实施者等处于正常的理性思维状态，只有在他们认为不会发生事故的前提下，才会进行活动。因而，所有事故都是在"没有想到"的情况下发生的。事故出乎意料这一特征，突出表现为事故发生的突然性。失去了突然性就成为意料之中的事，即使符合事故其他特征，也不属于事故的范畴。

事故出乎人的意料，包括下列三种情况：一是没有意料到事故会发生，或者主观上认为活动过程中事故几乎不可能发生，但对事故一旦发生可能造成后果的严重性有一定认识；二是认识到某一事件很可能发生，但没有意料到该事件的发生会造成不能接受的严重后果；三是既没有意料到事故会发生，也没有意料到事故会造成严重后果。对前两种情况，我们称之为"部分意外"，对第三种情况，我们称之为"完全意外"。

一名工人在没有系安全带的情况下实施高处作业，发生坠落事故而死亡。这名工人一定知道从高处坠落的后果，只是没有意料到他真的会掉下来。对遇难者来说，此类情况就属于"部分意外"。一辆货车在山区公路行驶，前方遇到滑坡路段，碎石不断从山上滚落下来。货车冒险通过时，滚落的碎石击穿驾驶室玻璃后打伤司机，导致货车失控，车毁人亡。货车司机肯定意识到冒险通行会被碎石击中，但没有意料到被击中后出现的严重后果。对这位货车司机而言，此类情形也属于"部分意外"。一位行人横穿公路时与一辆快速行驶的轿车相撞，导致轿车侧翻，行人死亡。在这一事故中，当事人既没有意料

到事故会突然发生，也没有意料到后果会如此严重，此
类情形则属于"完全意外"。

特性之二：事故违背人的意志。发生事故绝不是活
动组织者、实施者和参与者等的愿望和目标，而避免事
故是他们高度统一的追求。按照人意志发生的任何事件
都不属于事故。例如一个人故意点燃他人的房子，房子
按照他的意志燃起大火，这一事件就不属于事故，而是
刑事案件。

特性之三：事故对人造成伤害或损失。一切事故必
定会造成对人不利的后果，包括人身伤亡、财产损失、
环境污染等各种不同的情形，这也是事故的重要特征。
对人没有任何不利影响的事件，无论是否违背人的意志、
是否出乎人意料，都不属于事故。例如，一只被废弃在
大山深处的氧气罐，天长日久腐蚀严重，某一天突然发
生了爆炸。这一事件没有给任何人带来伤害和损失，因
而不属于事故。

特性之四：事故是小概率事件。在人们进行的绝大
多数活动中，无论危险性高低，与活动引发或伴随的其
他事件相比，发生事故的概率都相对很小，整个活动过
程平安无事属于常态，而出现事故才是例外和偶然。根
据有关数据统计，2002 年是我国道路交通事故较多的一
年，共发生事故 77.3 万起，造成 10.9 万人死亡，当年全

国汽车保有量仅有 2053 万辆。这一年，每百辆机动车发生 3.7 起事故。2014 年，全国汽车保有量达到 15447 万辆，共发生道路交通事故 19.7 万起，每百辆机动车仅发生 0.13 起事故。由此可见，即使在事故易发的道路交通领域，发生事故的概率也是比较低的。因此说事故是小概率事件，这也是许多人敢于违规和冒险的原因之一。

特性之五：事故受害者不特定。事故的受害者并不一定是直接或间接造成事故的人，甚至也可能不是活动的组织者、实施者、参与者。反过来说，活动组织者、实施者、参与者也不一定必然成为事故受害者。许多事故对偶然处于致害范围内的人造成了伤害，尽管他们与发生事故的活动没有任何关系。同样，事故造成财产损失或其他损害时，实际受害者也不是特定的。

特性之六：所有事故都伴随能量失控（或不当释放）。活动实施者自身具有的人体能量，活动工具和对象具有的动能、势能、电能、化学能，自然环境（例如：大气、雷电、阳光）具有的风能、电能、太阳能等，这些能量一旦失控或使用不当都可能造成事故。化学品发生火灾、爆炸是化学能失控，车辆发生碰撞事故是动能失控，塌方冒顶是重力势能失控，踩踏事故是人体自身能量失控。潜在的事故致害者拥有能量的最大值，决定了未来可能发生的事故规模，进而影响事故造成后果的严重程度。历史上发生的所有重大事故，其致害主体都拥有巨大能量，因此，预防重大事故，必须对拥有巨大能量的对象进行严格控制和管理。

特性之七：事故可以预防和控制。预防是指人们在事故发生之前，采取适当措施阻止事故发生而进行的活动。例如，在交叉路口设置红绿灯、制定交通规则等就是为了预防交通事故而采取的措施。控制是指为减轻事故后果而进行的活动或采取的措施。例如，在汽车内安装安全气囊、驾乘人员系安全带等都属于控制措施，目的在于一旦发生碰撞事故时减轻对驾乘人员造成的伤害。如果人在活动过程中的行为恰到好处地避免了引发事故的各种因素出现，同时又有效地保护了所有需要保护的对象，就能够杜绝事故发生。尽管这是一种理想状态，但也说明人可以调整自身行为，实现杜绝事故发生的目的。另外，人们也可以采取某些措施，在事故一旦发生时，控制事故规模、减少事故造成的伤害或损失。因此，我们认为事故可以预防、也可以控制。事故发生之后，人们通过深入分析事故原因和过程，总能找到预防和控制事故的措施，只是这些措施在事故发生之前没有谋划、没有实施而已。由此可以推断，如果这些措施在事故发生前全部落实到位，事故就不会发生或者不会造成严重后果。

二、认识事故凶手

　　参与活动和对活动产生影响的各种因素，我们称之为活动要素。从与活动的关系角度可以将这些要素分为两大类：一类是人开展活动所需的各种内部基本要素，包括活动实施者、活动工具、活动对象、活动参与者等；另一类是活动外部的环境因素，包括自然环境因素，例如雨雪雷电等，也包括人为环境因素，例如人为的障碍、干扰、影响等。一些活动要素由于其属性或状态的原因，而具有需要控制的能量，例如：行驶状态下的车辆具有的动能；登高作业者本身具有的势能；储存的汽油具有的化学能；等等。这些能量一旦失去控制就可能造成人身伤害和财产损失。因此，事故的致害主体（或者致害者）就是自身能量失控的活动要素，它们就是"事故凶手"。

　　多数事故的致害主体是活动内部基本要素。在这些基本要素中，活动实施者是指实施活动的人员；活动工具是指人进行活动所借助的器械、设备等物品；活动对象指的是活动作用的承受者（人或者物）以及活动形成的产物（或状态）；活动参与者是指按照活动实施者的安排，并在其管理控制下参与活动的其他人或物。例如，建筑工人在高处作业时发生坠落事故，造成自身死亡并连带他人受伤，事故致害者就是高处作业活动的实施者，事故能量来源于登高形成的重力势能。道路交通事故的致害者往往是作为交通工具的车辆，在行驶状态下形成的机械能（动能或势能）失控造成伤害。工人在制造炸药过程中发生爆炸，致害者是炸药，事故能量是炸药具有的化学能。人员聚集场所发生踩踏事故，致害者是进行聚集活动的部分参与者，事故能量是人体能量。人活动的对象形成活动产物之后，也可能成为事故的致害主体。例如，建成的楼房发生坍塌、生产出的有毒化学品发生泄漏等，造成伤害和损失的凶手就是人活动形成的产物。

还有部分事故，其致害主体是活动外部的自然环境因素或人为环境因素。石油储罐发生雷击事故，致害主体就是雷电，由于没有能够有效控制或引导雷电能量的释放而造成了事故。大海中存在暗礁是航海活动面临的外部环境，轮船发生触礁事故，致害主体就是属于外部环境因素的暗礁。由于它的作用使得轮船具有的动能失控并反作用于轮船，而造成伤害和损失。上述事故案例中的致害主体，雷电、暗礁等都是自然环境因素。街道上的行人被从附近工厂泄漏的热水烫伤，致害主体就是该行走活动的外部人为环境因素。高铁沿线和机场周围设定足够的安全距离，严禁实施一些危险作业，就是为了防止人为环境因素对列车运行和航班起降造成危害。因此，对某一活动来讲，其外部的自然环境因素和人为环境因素，都可能成为事故致害主体。

活动外部环境因素的致害方式可以分为两种：一是直接致害，环境因素直接作用于受害者，例如储存物资被雨淋湿造成水渍事故、建筑塔吊被大风吹倒造成坍塌事故等；二是间接致害，环境因素发生作用后导致了其他因素对受害者的伤害，例如露天安装的电器由于淋雨发生短路造成火灾事故、大风导致化工厂停电造成泄漏事故等。在一些情况下，外部环境因素的致害可能是直接致害和间接致害的共同作用。

为避免活动内部基本要素和外部环境因素带来危害，人们通常采取两种手段：一是对各种致害因素进行严格控制，使其在限定的范围内和程度上释放能量；二是对潜在的受害者（可能是活动实施者、对象、工具以及参与者等）实施保护，防止致害因素具有的能量失控后带来伤害和损失。但是，对外部环境因素致害的情况，由于致害者超出了活动管理控制的范围，其致害因素对活动实施者来说是不可控的，因此，只有"保护"这一种预防伤害或损失的手段。在后面的章节中，还将对上述控制和防护措施作进一步的探讨。

无论潜在的事故致害者是活动内部要素还是外部环境因素，只有在上述"控制"和"保护"失效或者缺位的情况下事故才会发生。从另一个角度讲，只有当致害者是"被控制、能控制"的活动内部要素，或者是其致害作用"被防止、能防止"的外部环境因素时，发生的伤害（或造成损失）事件才称为事故。地震、海啸、飓风以及其他外部不可抗力，尽管也会造成人员伤亡或财产损失，但是按照惯例，此类事件不属于事故，而称为自然灾害，因为人们尚没有能力对不可抗力进行有效控制，也没有能力完全避免不可抗力带来伤害和损失。例如，一群建筑工人在工地上进行施工作业时，突然遭遇地震袭击，人员受伤、财产受损，对类似事件，人们不会称为事故。所以，应该明确：不可抗力造成人身伤害或财产损失的事件不属于事故的范畴。2015 年 6 月 1 日，"东方之星"号客轮在长江航道翻沉造成 442 人死亡。之所以这一严重事件没有被定性为"事故"，就是因为起决定性致害作用的是人力不可抗的气象环境因素。有关报告称：调查认定，"东方之星"客轮翻沉是一起由罕见的强对流天气（飑线伴有下击暴流）导致的灾难性事件[1]。

总之，事故发生是与人活动密切相关的一种现象，事故的致害主体是活动内部要素本身，或者是活动外部的环境因素，但是无论致害主体来自何方，事故的发生一定是由活动要素的控制和防护功能失效、缺位或出现漏洞而造成的。从另一个方面讲，事故的致害因素是人能够控制或者能够采取保护措施避免其伤害的，人力尚不能抗拒的致害因素造成伤害或损失的事件不属于事故。

三、事故的定义

关于事故的定义，传统文献给出的描述是：发生于预期之外的造成人身伤害或财产损失的事件。这一定义没有阐明事故与人的关系，也没有明确致害因素的范围，显然过于笼统。目前，被广泛引用的事故定义是伯克霍夫（Berckhoff）提出的：事故是人（个人或集体）在为实现某种意图而进行的活动过程中，突然发生的、违反人的意志的、迫使活动暂时或永久停止、或迫使之前存续的状态发生暂时或永久性改变的事件。伯氏的定义也存在明显的缺陷。首先，它没有明确事故致害主体与人活动的关系，也没有将不可抗力造成的伤害事件排除在事故范畴之外，从而扩大了事故的外延。例如，一群伐木工人在森林中进行作业时，突然遭遇暴风雪袭击，造成人员伤亡和财产损失，伐木作业被迫终止。这一事件符合伯氏事故定义的全部要素特征，是否可以称其为事故呢？笔者认为不能，而只能称为自然灾害。其次，事故是否必然"迫使活动暂时或永久停止、或迫使之前存续的状态发生暂时或永久性改变"也需要探讨。一列高速行驶的列车在与邻近物体发生轻微的意外碰撞后，不一定改变"之前存续的状态"，但这一事件也应该称为事故。再次，伯氏的定义也没有明确只有"后果对人不利的事件"才属于事故这一关键特征。

科学、严谨的定义应该至少说明以下四个方面：一是事故致害主体是活动的实施者、工具、对象或参与者，以及来自外部的、可以预见和克服其影响的活动要素；二是事故出乎人意料、突然发生，人无法准确地预测什么时候、什么地点、发生什么样的事故；三是事故是一种违背人意志的事件，不是人主动追求的结果，是人不希望发生的；四是事故后果是人员伤亡、财产损失、环境损害，或者其他对人不利后果中一种或多种的组合。结合上述对事故致害因素和事故特征的分析，笔者提出事故定义如下：事故是人（个人或集体）活动过程中，由活动要素或不可抗力以外的环境因素致害，出人意料和违反人意志，造成人身伤害、财产损失或其他不利后果的事件。

上述定义阐明了事故致害主体与人之间的密切关系，表明了这样的理念：无论是实施活动的人本身还是活动工具、活动对象、活动参与者以及活动形成的产物或状态，都应该在人的控制管理之下。作为组织、实施活动的人，有义务采取措施，尽最大可能控制好各种潜在的致害主体，避免事故发生。对能够预见的外部环境包含的致害因素，活动组织实施者应该建立起可靠的防护屏障，避免外部环境因素造成伤害和损失。所以，该事故定义明确了"人"在事故中的核心地位，进而明确了人的因素在事故预防中的首要作用。

四、无法预测的事故和可以估算的风险

人们无法预测事故何时发生、在何处发生以及会带来怎样的后果，但是人们发现，不同活动发生事故的可

能性有很大差异，如在农田里耕种要比在大海中航行发生事故的可能性小得多。同时还发现，相同类型的事故在不同情况下，造成后果的严重性也有很大不同，如大型油库发生火灾比一堆秸秆失火造成的后果可能要严重得多。由此可以看出，不同类型的活动以及相同的活动在不同条件下，发生事故的可能性和造成后果的严重性有很大不同。为表达这种不同，人们创造了"风险"这一概念，并建立了对风险进行定性和定量评估的方法，从而实现了用数学语言描述活动危险性的目标。风险表达的是事故发生的可能性与造成后果的严重性这两个方面的组合，而这两个方面又取决于活动实施者、参与者、活动工具、活动对象、活动环境等的状态、性质和能量等因素。借助一定方法，分析上述各种因素的特性和数量，通过一定的计算模型，就能估算出活动存在风险的大小。目前，人们已经建立了一系列辨识和评价风险的办法，并制订了可接受风险判定标准，在"无法预测的事故"与"能够估算的风险"之间构筑起了一条纽带，使人们能够通过控制风险达到预防事故的目的。

实际上风险就是预测事故的指数，像温度、重量一样，是一个起度量作用的指标，表示某一活动在"安全"和"危险"之间的相对位置。所谓安全，就是风险较低，处于"公认的"可以接受范围内；而所谓危险，就是风险较高，处于"公认的"不可接受范围内。"风险"这一概念的创造以及风险辨识和评价系列方法的建立，为人们找到了一条有针对性预防事故的有效途径，是人类在与事故抗争的艰难历程中取得的伟大成就。

事故出人意料，实质上是人们低估了活动过程存在的风险造成的。低估了事故发生的可能性或者低估了事故可能造成后果的严重性，就属于"部分意外"；既低估了事故发生的可能性、又低估了事故可能造成后果的严重性，则属于"完全意外"。

对相同的活动来说，风险的大小与采取的安全控制措施密切相关，安全控制措施越全面、越严格，风险的级别就越小，反之亦然。例如，不采取任何保护措施，工人在摩天大楼外作业的风险极高，是不可接受的。如果作业者采取了佩戴安全带等保护措施，这种风险就会降低，变为可接受风险，作业活动就可以进行。如果人们在从事某一项活动之前，对活动存在的风险进行全面辨识和分析评估，当认识到活动过程中存在的风险较高、超出了可接受范围时，就会通过增强控制措施的方法降低风险，以达到风险可以接受的程度，从而大幅度减小事故发生概率或减轻事故可能造成的后果。可以说，如果我们能够正确、全面地辨识和评价某项活动存在的风险，就等于掌握了这项活动的"事故指数"，在此基础上，采取相应控制措施，并保持这些措施持续有效，"事故指数"始终处于较低的水平，就能有效避免事故发生。关于风险管控更具体的内容将在第四章 "把老虎关进笼子"一节中介绍。

第二章

事故的历程

从表面上看，事故都是突然发生的，没有很明显的发生、发展过程，但实际上，许多事故都表现出了由隐蔽到显著、由量变到质变、由小到大的阶段性变化的特点。通过对大量事故案例的研究和分析发现，多数事故都经历了三个性质不同的阶段：前导事件期、诱因聚集期和发生发展期。

一、前导事件

多数事故发生前会有一个或几个、显著或隐蔽的"前导性"事件出现。这些事件可能是人主动实施的，也可能是环境因素的改变，但都会使活动实施者、参与者、活动工具、活动对象、活动方式、环境条件等各种因素的形式、内容、性质和相互关系发生变化，为事故发生创造基础条件。这一阶段称为事故的前导事件期。

2011 年 7 月 22 日凌晨，一辆由山东威海开往湖南长沙的卧铺客车，在京珠高速公路河南省信阳境内发生特别重大爆燃事故，造成 41 人死亡、6 人受伤。经调查发现，该卧铺客车违规装载的 300 公斤危险货物（易燃烧和爆炸），在行驶过程中受到挤压、摩擦、高温（因

发动机放热）等综合因素作用，发生分解并引
发燃烧和爆炸[2]。

利用卧铺客车进行长途客运是常见的运输活动，正
常情况下不会发生类似的危险货物爆燃事故。但是，在
这次运输活动中出现的新情况（或事件）为事故发生创
造了基础条件，这就是卧铺客车上装载了大量有燃烧和
爆炸危险的货物。这一事件的出现使运输对象的性质发
生了巨大变化，为客运活动带来了新的风险。按照规定，
运输此类危险货物必须使用专门车辆，运输过程需要冷
藏，同时要防止摩擦和碰撞。卧铺客车没有相应的设备
设施，根本不具备运输此类危险货物的条件。运输对象
性质的变化使发生事故的可能性大大提高，行驶过程中
不可避免的挤压、摩擦以及发动机放热造成的高温等综
合因素的共同作用，达到了这种危险货物发生分解燃烧
的条件，进而引发了爆炸。分析这起事故过程，"卧铺客
车装载运输危险货物"就是事故的前导事件，这一事件
发生是迈向事故的第一步。

2010 年 7 月 16 日，大连中石油国际储运
有限公司原油库输油管道发生爆炸，引发大火
并造成大量原油泄漏，导致部分管道和设备损
毁，原油流入附近海域造成污染。事故造成 1
名消防战士牺牲、1 人失踪、2 人受伤，直接
财产损失达 2 亿元。事故直接原因是为脱除硫

化氢，在卸载原油过程中，通过输油管道加注双氧水，并在停止卸油的情况下继续加注，造成双氧水在输油管道内局部富集，从而发生剧烈分解，导致输油管道爆炸[3]。

利用管道输送原油是非常成熟、非常可靠的技术。但是，发生这起事故前，传统输送工艺发生了改变：输油作业过程中通过管道同时加注双氧水。这一事件使输油作业程序和输送介质的性质等发生了重大改变。输油工艺的变化就是这起事故的前导事件。

多数前导事件是人主动实施的行为，也有一部分是环境因素的变化，这些行为和变化多数是明显的，只有一少部分是潜在或不明显变化。但是，无论是何种情况，活动实施者一定了解或者应该了解这些前导事件的发生。例如，易燃易爆区域进行动火作业可能成为爆炸事故的前导事件；汽车驾驶员执行紧急任务可能成为道路交通事故的前导事件；出现恶劣气候条件可能成为飞机在着陆时发生事故的前导事件；等等。此类前导事件是人的主动行为或者是明显的环境因素改变，当事者完全能够了解，但不一定认识到它们带来的风险上升。有媒体报道，一位年轻姑娘，在下楼梯时看手机，一脚踩空，跌倒后造成重伤，最终不治身亡。看手机是她的主动行为，这一行为就是此次事故的前导事件。这位姑娘一定知道自己下楼梯时在看手机，但绝对没有意识到这一行为带来的可怕后果。也有不少情况，前导事件本身很隐蔽，或者在表面上看来对活动造成的影响不明显，但是人们能够通过各种手段感知此类事件的发生。例如，连日降雨会使水库坝体含水量升高，人们仅靠肉眼观察可能无法确认这种变化，必须通过专业测量工具取得相应数据，才能判断水库大坝的稳定性是否受到影响而下降。也就是说，人们能够借助各种手段感知某些前导事件是否存在或发生，也应该能够分析判断这些前导事件是否为事故创造了条件。如果保持较高的警惕性，能认识到某一事件将导致活动发生事故的风险上升，并及时采取有效控制措施，就会避免前导事件使活动向事故进一步靠近。

为什么事故发生之前往往有前导事件发生呢？如果某一活动能够持续正常进行，说明人们已经基本控制了这一活动的各个要素，使其处于稳定安全的状态，否则，这一活动就会由于不断发生事故而不能持续。在活动实施者、参与者、活动工具、活动对象、活动方式、环境条件等活动要素保持不变的情况下，活动本身也是稳定的，如果活动要素的内容、性质、方式以及相互之间关系等发生了变化，各种矛盾之间的平衡就可能被打破，稳定状态就可能被破坏。活动工具改变，可能会引起使用者对工具控制能力下降；活动对象变化，可能导致活动实施者的行为方式发生变化；活动内容和形式发生变化，可能使活动实施者、参与者的行为以及沟通协作的途径发生改变；甚至活动组织者、实施者或参与者的人员更换，也会造成活动组织内部管理方式发生变化。

表面上看来，前导事件与事故没有直接关联，但一定会引起活动要素内容或形式上的改变，这些变化会造成活动过程出现某种程度的混乱，导致部分原有的安全控制措施失效或缺失，或者产生尚没有对应管控措施的新危险，使得活动发生事故的风险升高。

需要指出，人类活动是复杂的，活动的目标不可能一成不变，因此，人们必须根据目标变化的需要主动地调整活动内容、活动方式、活动对象等活动要素，同时，活动的外部环境也处于不断变化的状态。上述这些变化尽管不会直接导致事故，但是对活动造成了影响或干扰，创造了发生事故的基础条件，从而对事故发生起到了前导作用，成为事故的前导事件。由此可以看出，在多数情况下前导事件是实现活动目标所必需的过程，或者是外部环境变化导致的必然状况，是经常性、大概率事件，是不能避免、不可或缺的活动组成部分。

二、诱因聚集

从对事故发生的作用来讲，事故诱因与前导事件并没有本质的区别，两者都对事故发生起推动作用。所不同的是前导事件对事故的诱导是基础性的、间接的，作用强度较小、距离事故较远，一般是人主动实施的、已知的或者是能够感知的正常活动或外部环境的明显变化。我们之所以单独对前导事件进行分析，目的在于强调前导事件对事故的发生起着基础性作用，是事故直接原因存在的前提。对许多事故来说，往往还有多个诱导因素，这些诱导因素一般是偶然出现的、不易察觉的，但对事故的诱导作用更直接、距离事故更近。这些诱导因素依次出现或者并行交叉而聚集成一条事故"诱因链"，在这个链条形成过程中，促进事故发生的因素逐步增加、阻碍事故发生的因素逐步减少，最后具备了发生事故的充分条件。

在上一节介绍的卧铺客车爆燃事故中，卧铺客车装载大量危险货物是前导事件，而在卧铺客车上危险货物受到挤压、摩擦、高温等多种因素作用就是"诱因聚集"；在输油管道爆炸事故中，通过输油管道加注双氧水是前导事件，而在停止卸油的情况下继续加注双氧水，造成双氧水在输油管道内局部富集就是诱因聚集。诱因聚集过程是引发事故的第二阶段。下面让我们再分析几起事故案例，进一步加深对前导事件出现之后诱因聚集过程的认识。

2008 年 4 月 28 日 4 时 41 分，北京开往青岛的 T195 次旅客列车运行至胶济铁路周村至王村之间时脱轨，有 9 节车厢冲向相邻线路的路基。此时，烟台至徐州的 5034 次旅客列车正好运行至此处，发现事故后紧急刹车，但未能避免与脱轨车辆相撞，最终酿成特别重大事故，共造成 72 人死亡，416 人受伤[4]。

为迎接 2008 年北京奥运会，铁路部门开工新建胶济铁路客运专线。为保证施工期间铁路畅通，在一处跨线大桥建设期间修建了一段 S 形临时便线，因临时便线的技术等级明显低于正线，列车通过该区间时必须限速 80 千米/小时。上述事件致使此区间的行车方式发生了变化，是事故的前导事件。接下来发生了一系列对事故起诱导作用的事件：一是 4 月 23 日，列车运行管理部门下发调整列车运行图的通知，要求在此区间内限速通行，但 4 月 26 日又发布了调度命令，取消了包括该区间在内的多处限速规定；二是根据 4 月 26 日的调度命令，相关单位修改了 T195 次旅客列车运行控制器的预设数据，取消了在该区间的限速；三是事故发生前通过此处的机车司机反映，该区间现场标识的临时限速与运行控制器数据不符，列车调度员在接到报告后，于 4 月 28 日 4 时 02 分补发了对该路段的限速调度命令,但唯独没有发给马上就要通过该区间的 T195 次列车。上述三个事件对列车安全运行都有决定性影响，这些事件直接或间接导致了限速措施未能落实。假设这三个事件中的一个没有出现失误，限速指令就能传达到 T195 次列车，事故"诱因链"可能会断裂，就不会发生如此惨烈的恶性事故。由此我们可以看出，事故诱因聚集阶段，是可能引发事故的各种条件不断积累的过程,在这一过程中，促进事故发生的因素逐步增加，阻碍事故发生的各种控制措施不断失效。

> 2015 年 12 月 20 日，深圳光明新区渣土受纳场发生特别重大滑坡事故，造成 73 人死亡、4 人下落不明，33 栋建筑物被损毁。事故直接原因是受纳场没有按相关标准建设排水系统，内部积水不能及时排出，持续降雨致使渣土含水量达到过饱和状态，在底部形成了软泥滑动层；超量堆填渣土，致使渣土堆稳定性降低，最终导致渣土受纳场失稳滑坡[5]。

这起事故的前导事件是受纳场建设方面的先天不足：没有建设排水系统，使得防止滑坡事故的一项重要措施失效。后来当地出现持续降雨，受纳场继续接受渣土，渣土总量持续增加。这一连串的后续事件使得事故诱因不断聚集，最终超过了渣土堆的稳定极限。

需要特别注意的是，不管是渣土受纳场建设方面的先天不足，还是不断将渣土运送到受纳场，致使渣土超量、超高，都是人主动实施的行为。也就是说，当事人知道或应该知道这一系列诱导因素的出现，尽管当时他们不一定清楚这些因素与即将发生的事故之间有着必然联系。事故诱因聚集就像骆驼背上的稻草不断增加的过程，当压死骆驼的最后一根稻草落下之后，事故发生就不可逆转了。需要我们深思的是，每一根稻草都可能是人放到骆驼背上去的。

2011 年 7 月 10 日，潍坊昌邑正东矿业公司铁矿发生井下重大透水事故，造成 23 人死亡。在该矿的主井西南侧有一处采空区，在该采空区上方有一个露天大坑，坑内有大量积水，由于支撑该露天大坑的矿柱垮塌，致使坑内大量积水和泥沙涌入井下，导致透水事故[6]。

该矿开采区上方有个历史形成的露天大坑，根据设计要求，露天大坑的底部必须保留 8～10 米的矿柱，同时要求大坑内不能存有积水，以确保矿井安全。进入雨季以后，降雨天气增多，坑内出现积水，但矿业公司并没有及时组织排水，致使露天坑内大量雨水滞留。这就使得避免透水事故的关键措施失效，这一过程属于事故的前导事件。接下来一系列事件的发生就是事故诱因聚集的过程：该矿柱岩层为强风化带，节理裂隙不断发育；相邻采石场有采矿行为，经常放炮震动，致使矿柱稳定性下降；事故企业违规开采露天大坑底部的矿柱，造成矿柱尺寸远远小于设计要求；等等。上述诱因聚集过程的最终结果，使矿柱遭到严重破坏，形成了溃水通道，导致了露天大坑内大量积水灌入井下。

通过分析上述案例我们认识到，一些单一事件尽管对活动影响程度很小，但是许多类似单一事件同时发生，或者各个单一事件的影响同时发挥作用，就可能形成完整的事故诱因链，最终导致事故。事故诱因的多个事件，如果在事故发生前，有一个诱因消失，或者有一个事件的影响作用消失，就可能达不到导致事故的条件，事故就可能不会或暂时不会发生。但是，如果其中某一诱因的影响在加剧，事故仍然无法避免。事故各个诱因事件，有的之间是因果关系，有的可能是独立事件，但是，它们都间接或者直接地创造了事故发生的前提条件。因此，它们对事故的促进作用是相同的，尽管这种作用的大小不一定相等。

在诱因聚集过程中，可能会出现一些异常现象，甚至可能是小规模事故，这些现象称为事故征兆。对部分事故征兆，人们可以通过感官而感知，但在一些情况下人们需要借助一定观测手段，才能够感知事故征兆的出现。与事故的前导事件不同，事故征兆不是人们有意识的行为，也不是事故的诱因，而是前导事件和后续诱因累加或者叠加作用的结果。例如上述介绍的渣土受纳场滑坡事故中，在渣土开始明显滑动前 5 个小时，受纳场顶部作业平台出现宽约 40 厘米、长几十米的裂缝，第 3 级台阶与第 4 级台阶之间出现鼓胀、开裂和变形，这些现象就是事故征兆，预示着事故能量开始释放。必须指出，尽管有个别案例，由于及时发现事故征兆并采取紧急措施而避免了严重后果，但是，事故之前出现明显征兆的案例毕竟是少数，而且事故征兆往往难以及时发现和准确判定，或者征兆出现之后在很短时间内就发生了事故，因此，寄希望于发现事故征兆之后，再采取措施来避免事故发生是不可靠的。

我们分析事故发生前期的前导事件，研究诱因聚集现象，其目的在于提示人们，要及早判断活动中出现的新情况、新变化是否具有事故前导事件的性质，分析这些新情况、新变化出现的时间、地点、形式和内容，评估其中诱导事故的因素带来的风险变化，及时研究制定相应的管理和控制措施，避免事故诱因进一步积累，从而阻断事故诱因链的形成，阻止向事故迈进的脚步。

三、发生发展

以事故致害后果出现或事故能量失控为起点，事故的历程就进入了发生发展阶段，这一阶段以事故致害后果停止扩大或事故能量释放得到控制为终点。

根据事故发展变化的速度不同，可以分为瞬间型、过程型和缓慢型三种类型。瞬间型事故的发展变化过程非常迅速，事故能量迅速释放，致害过程在事故发生后瞬间结束，人们根本不可能根据事故的具体发展情况来采取控制措施，例如单一的爆炸事故、碰撞事故、触电事故、物体打击事故等。过程型事故在发生以后有一定的发展变化阶段，事故能量释放会持续一段时间，在这一过程中人们能够采取相应的紧急处置措施，控制事故规模扩大。例如，1871 年美国芝加哥发生火灾，大火不断蔓延，持续了 3 天。火灾事故、沉船事故、泄漏事故等通常都会需要一定时间才能终止。还有一种事故发生之后，由于事故能量载体的独特性质，控制难度很大，致使发展变化过程比较缓慢，需要长时间能量释放才能终止，此类事故属于缓慢型事故。例如，1986 年苏联切尔诺贝利核泄漏事故、2011 年日本福岛核电站核泄漏事故，持续时间都长达数年之久。

　　2013 年 11 月 22 日 2 时 12 分，位于山东省青岛经济技术开发区的中国石油化工股份有限公司管道储运分公司东黄输油管道发生原油泄漏，泄漏的原油进入市政排水暗渠，在暗渠空间内与空气混合形成爆炸性气体，10 时25 分，抢修作业过程中产生的火花引发爆炸，造成 62 人死亡、136 人受伤[7]。

　　这起事故的起点是输油管道突然破裂，原油大量泄漏。接下来是事故的发展变化过程：一方面，泄漏原油大部分直接进入排水暗渠，并受海水倒灌影响沿排水暗渠向上游纵深扩散，这一过程长达 8 个小时；另一方面，企业组织实施现场抢修，采用液压破碎锤在排水暗渠盖板上进行打孔作业。破碎打孔过程产生的撞击火花引发爆炸后，泄漏的原油开始持续燃烧，直至明火熄灭、海上原油扩散得到控制，事故过程才算终止。

　　2015 年 8 月 12 日，天津港危险品仓库发生特别重大火灾爆炸事故，造成 165 人遇难。

事故直接原因是危险品仓储区集装箱内的硝化棉，由于湿润剂散失出现局部干燥，在高温等因素作用下加速分解放热，进而发生自燃。自燃产生的高温引起相邻集装箱内的硝化棉和其他危险品长时间、大面积燃烧，导致堆放于附近的大量硝酸铵等易燃易爆货物发生大规模爆炸和燃烧[8]。

这起事故的起点是硝化棉发生自燃，事故的发展过程如下：集装箱内硝化棉局部自燃后，引起周围硝化棉燃烧，放出大量气体，集装箱内部温度和压力升高，致使集装箱爆裂，大量硝化棉散落到外部，形成大面积燃烧。附近其他集装箱内的精萘、硫化钠、糠醇等多种危险化学品相继被引燃并介入燃烧。随着燃烧规模扩大，火势蔓延到邻近的硝酸铵集装箱。硝酸铵受到火焰炙烤，温度迅速升高，分解速度不断加快，继而发生了第一次剧烈的爆炸。距此爆炸点约 20 米处，有多个装有大量硝酸铵、硝酸钾、金属镁等易燃易爆固体和腐蚀品的集装箱，受到火焰的高温作用以及第一次爆炸冲击波的影响，发生了第二次更剧烈的爆炸。在大火持续燃烧和两次剧烈爆炸作用下又发生了多次爆炸，现场燃起大火并持续了 40 小时。由此可以看出，这起事故发生和发展变化过程非常明显，充分体现了事故的过程性和阶段性特点。

事故的发展过程可能是从"小事故"到"大事故"的演变转化过程，也可能是从"单一类型事故"到"多类型事故"的演变转化过程，或者两种情况兼而有之。在确定的客观条件下，这个过程的形式、内容以及速度受到人为因素的影响会出现很大变化。人为因素可以控制事故发展、减少人员伤亡和财产损失，但也能够扩大事故规模、加重事故后果。充分认识事故发生后客观存在的发展变化过程，重视分析和研究事故发生发展的特点和规律，其目的在于预测未来可能发生的事故呈现出的变化趋势，更准确地模拟事故发生发展的情景，为有针对性地采取处置措施、有效控制事故规模、减少伤亡和损失提供应急准备的依据。

通过以上分析，我们认识到事故过程可以分为三个阶段：前导事件期、诱因聚集期和发生发展期。需要指出，由于人类活动的复杂性，事故过程会有各种各样的表现形式，在部分事故中只有两个阶段，或者三个阶段之间的界线不明晰，事故各个阶段在时间上会呈现出交叉重叠的状况。例如，某一事件直接导致了事故发生，而没有诱因聚集期；在事故发生发展阶段，事故诱因也可能继续聚集，从而引发更大规模或其他类型的事故。

第三章

事故的根源

　　事故的类型多种多样，事故的规模有大有小，事故的原因更是千差万别。表面上看来，事故似乎都是偶然发生的，每一起事故几乎都有独特的经过和具体的原因，但是，在这些"偶然""独特"和"具体"之中却蕴含着事故根源的本质。

一、都是人的错

　　传统事故致因理论认为，导致事故的原因可以分为四个方面：人的不安全行为、物的不安全状态、环境的不安全条件和管理上的缺陷。如果对上述四个方面进行深入分析，就会得出这样的结论：人的行为才是事故的真正根源，所有事故都是因为人的错误。

　　人的不安全行为肯定是人的错误，这一点毋庸置疑。明知不安全而故意为之，是错误；不知是否安全而盲目为之，也是错误。物的不安全状态是怎样形成的呢？如果这些"物"是人建设制造的，其不安全状态就是人的"建设制造行为"有错误造成的。如果是自然状态下的物体，就是人没有消除或控制其不安全的状态，因此也是人的错误。由于环境的不安全条件造成事故，也是因为人没有采取可靠防护措施，同样也是人的错误。管理上的缺陷是由于管理者的失误，导致出现管理漏洞而造成，显然更是人的错误。所以，在深入探究事故根源时，从逻辑上讲，不能平等看待上述四个方面，必须看到人的不安全行为是造成物的不安全状态、环境的不安全条件和管理缺陷的真正根源。让我们通过事故案例，看看人的错误是怎样在一些具体情况下导致事故发生的。

　　2001年7月22日，江苏省徐州市贾汪区岗子村五副井发生特大瓦斯煤尘爆炸事故，造成92人死亡。经调查，导致事故的原因有三个方面：一是在井下有多处盲巷，通风系统复杂，在瓦斯爆炸风险很高的情况下，违规停运主通风扇，导致采掘工作面处于微风甚至无风状态，形成了瓦斯积聚；二是未按规定落实洒水防尘措施，致使工作面和巷道形成高浓度煤尘；三是井下作业人员违规采用明火放炮，最终引发了瓦斯煤尘爆炸[9]。

　　在该起事故中，违规停运主通风扇是人的行为，结果造成了瓦斯积聚的不安全状态；由于人的不作为——未按规定洒水防尘，形成了"煤尘浓度过高"的不安全状态；违规采用明火放炮，是人的不安全行为，直接引发了瓦斯和煤尘爆炸，导致这起事故的三方面原因都是人的错误！
　　从事故诱因角度分析，人的错误是事故的根源也显而易见。在多数情况下，事故一连串诱导因素本身就是人的失误，这些失误可能是一些事应该做而没有做，或者应该做好而没有做好；一些事不应该做反而做了。在事故前导事件发生后，没有及时调整活动方式和内容，丧失了避免形成完整事故诱因链的机会，也是人经常犯的错误。下面再通过两个事故案例，对人在事故诱因形成和聚集方面的错误进行分析。

2005 年 11 月 13 日，中国石油天然气股份有限公司吉林石化分公司双苯厂发生爆炸事故，造成 8 人死亡，60 人受伤。事故是由一系列操作失误引发的：进行正常排残液操作前，操作人员违反规程，在没有关闭预热器蒸汽阀的情况下，错误地停止了进料，导致预热器长时间超温；在预热器温度没有降到正常水平的情况下，准备恢复进料时，再一次出现操作错误，先开启了加热蒸汽阀门，使进料预热器在短时间内再次严重超温。常温物料进入预热器时，由于温度急剧变化产生强烈应力，使预热器及管道发生剧烈震动，致使连接法兰松动、密封失效，空气吸入系统内形成爆炸性混合气体，遇摩擦、静电等产生的点火源发生爆炸[10]。

操作人员三处明显错误操作形成了事故诱因链：没有关闭蒸汽而停止进料、恢复进料前先开启了加热蒸汽阀门、使常温物料进入预热器。在发现第一次长时间超温情况下，操作人员完全有机会阻止第二次严重超温、也完全能够避免第三个错误，但实际情况是错误在继续，最终到达事故发生的坐标点。如此看来，导致事故的原因的确全是人的错！

> 2008 年 9 月 8 日，山西省临汾市襄汾县新塔矿业有限公司尾矿库发生溃坝事故，造成277 人死亡、4 人失踪、33 人受伤。事故背景是为重新启用已关闭的尾矿库，在未经设计论证和审查，也未办理相关手续、未经有资质单位设计和施工等情况下，擅自在尾矿库上筑坝，致使坝体坡度过陡；在多次出现渗水现象后，采用库内铺设塑料防水膜（阻挡了尾矿水下渗）和黄土护坡（阻挡了坝内水外渗）等错误做法，使库内水边线直逼坝前，无法形成干滩，从而造成局部渗透，坝体损坏，最终失去平衡、整体滑动，酿成特别重大事故[11]。

事故原因是该矿业公司的一连串错误行为：违规启用已关闭的尾矿库、擅自在尾矿库上筑坝且不符合技术标准、库内铺设塑料防水膜、使用黄土进行护坡等。也就是说，事故企业没有严格执行法规标准，应该做的事没有去做或没有做好、不应该做的错事反而做了许多……

就像第一章讨论事故致害主体时谈到的，我们可以在两种情况下理解"事故都是人的错误造成的"这一推论：第一种情况，活动的工具、对象、参与者，或人活动形成的状态是事故致害主体，由于人未能有效控制上述各类要素的能量释放、同时又没有实施有效保护，最终造成事故；第二种情况，外部环境因素是事故致害主体，则是由于人没有采取有效的防护措施而造成事故。这两种情况下，事故根源的本质都是人行为的错误。

从人对风险的认识和控制角度来分析，我们也能得出同样结论。活动过程中发生事故，不外乎下列两种情况：一是对发生事故的风险估计过低，因而没有采取有效的控制措施；二是对发生事故的风险有比较恰当的估计，但出于侥幸心理，采取的控制措施不全面、不充分，因而未能避免事故发生。可以看出，上述两种情况都是由人的错误造成的。

确实有极个别的事故案例，由于认识水平和能力所限，人们尚没有认识到活动过程存在的风险，或者没有掌握控制相应风险的方法，在活动过程中按照法规标准和安全常识做了应该做的一切，并且也未做不该做的其他不利于安全的事，但事故却仍然发生了，这种情况下似乎找不到人的任何错误，对这一类事故，我们称为非责任事故。但是，能不能进一步追问：人们未能全面了解活动领域存在的风险、不掌握控制风险的有效方法，是否也是一种"错误"？

二、藐视规矩

这一节我们分析人错误的第一种表现形式。在人的错误中，性质最严重的是对安全规矩的藐视。

安全规矩就是安全规范、安全标准、安全规程等对活动者行为进行约束的规定（本书在不同语境中可能用不同的词语表达，但含义完全相同）。人们在长期活动实践中，通过探索事物内部规律、分析事故原因，总结出了许多预防事故的措施和办法，其中一部分以法律法规或强制性标准的形式上升为国家意志，形成了一系列具有强制约束力的行为规矩。例如，进行登高作业必须系安全带、醉酒后不能驾驶机动车、压力容器必须配置安全阀等。建立这一系列规矩的目的是约束人的行为，使人们在从事某项活动时，清楚地知道"必须做什么""不能做什么"，以及某些行为"应该怎样做"。从理论上讲，如果安全规矩能够涵盖人们进行的所有活动、能够准确地规定人行为的内容和尺度、能够将所有规矩要求的实施成本控制在可以接受的范围之内，这样的规矩就达到了理想状态。有了这样的规矩，人们只要调整自身行为，使其符合规矩要求，就能完全杜绝事故，达到绝对安全的最高境界。人类文明发展到今天，人们从事的多数高危险性活动，都已经有了比较科学合理的安全规范和标准，例如道路交通、民航飞行、危险化学品生产和使用等行业领域，安全规范和标准已经比较全面和具体，基本上能够满足保障活动安全的需要。也就是说，尽管人们还没有建立起完全理想状态的安全规矩体系，但目前的安全标准已经相当完整和成熟，与人们现阶段活动的安全要求总体上相适应，遵守这些规矩的成本也比较合理，如果人的行为完全按照这些规矩进行，就能避免绝大多数事故。

但实际状况是，相当一部分人藐视安全规矩，肆意违章违规，致使事故魔鬼频繁降临，带来严重伤亡和损失。以最常见的交通安全规章来说，"红灯停、绿灯行"是基本的安全规矩，但许多人还是不能严格遵守，闯红灯的"勇敢者"大有人在。根据 21 世纪初的统计资料，我国道路交通事故中，仅仅由无证驾驶、超速行驶、酒后开车、疲劳驾驶、违章穿行五种违规行为造成的事故伤亡人数，就占到总伤亡人数的 80% 以上。在前面我们分析的案例中，许多事故都是人违反安全标准、不守安全规矩造成的。

遵守安全规矩是为了预防事故、避免人员伤亡和财产损失，因此应该是所有人自觉自愿的行为。但在现实中为什么还有那么多人违反规矩呢？违规的动力到底在哪里？首先，遵守规矩要付出一定成本，这种成本可能是经济上的、人力上的，或者是时间上的。配备消防器材需要资金投入，酒后不能驾车浪费了自己的人力资源，等待交通信号灯需要时间，等等。总之，守规矩就要有付出，而违规却可能得到某种收益，或者至少可以节省一部分支出。我们已经认识到，事故是小概率事件，酒后驾车并不意味着一定出事故，在加油站吸烟也不一定必然引发火灾，因此，违反了安全规矩而未造成事故的情形是普遍存在的。一次顺利闯过红灯，节约了时间，就成为了"违规不可怕"的"证明"，长此以往，就逐渐积累起"不遵守安全规矩也不会出事故"的"经验"。久而久之，违反安全规矩成了人们在心理上可以接受的行为，从而导致了违规现象常态化。一个人"平安违规"经历丰富了，违规就成了正常的习惯，对规矩的藐视便油然而生，守规矩就成了嗤之以鼻的"呆子"行为。不能及时并且严厉地惩处违反安全规矩的行为，是违规行为普遍出现的另一个原因。违规行为收益越高、受到处罚的可能性越小、处罚强度越轻，违规行为就越普遍。也就是存在这样的规律：违规行为出现的概率与违规获得的收益成正比，与受到处罚的强度和概率成反比。事故惨痛教训确实能够给人带来强烈刺激，这种刺激能促使人们在一定时期内更严格遵守安全规矩，但是，这一效果随着时间延长而逐步衰减，当时间足够长时，事故的刺激效果就大大弱化，最终变得很不明显，遵守规矩的自觉性大幅度下降，藐视规矩、违反规矩又会成为常态。

藐视规矩的另一种表现形式是不学习规矩。对一些高风险活动，国家已经制定了有强制约束力的行为规范，但是一些人不主动去了解和学习，根本不知道从事某一项活动应当遵守的安全规矩有哪些，更没有掌握具体内容和其中的道理，在一些危险场合，无所顾忌地实施违规行为，导致事故惨剧发生。

1998 年 12 月 6 日，某企业污水处理厂发生硫化氢中毒事故，造成 4 人死亡、5 人中毒。该企业 3 名员工在实施污水池清洗作业时，没有按照规定进行通风置换和有毒气体检测，在没有佩戴防护器材的情况下，违规进入污水池内作业，出现中毒症状并晕倒。现场其他人员发现后，先后有 6 人进入污水池内施救，均因为没有采取防护措施而出现中毒症状。其他人员立即报警，消防队员赶到后，把中毒人员从污水池中救出，其中 4 人经抢救无效死亡。

污水池属于受限空间，进入受限空间作业必须遵守相关标准，采用通风置换、检测检验、现场监护等一系列安全措施。发现作业人员出现中毒症状后，在进入污水池内施救之前，更应该按照规定采取自我防护措施。在上述案例中，作业人员和施救人员可能根本不知道这些标准和规定，更谈不上遵照执行。

2018 年 6 月 5 日，辽宁省本溪龙新矿业有限公司思山岭铁矿发生爆炸事故，造成 12 人死亡、2 人失踪、10 人受伤。事故的直接原因是在使用提升吊桶向井下运输炸药时，作业人员严重违反安全规定，将炸药和雷管混装，雷管与吊桶内壁发生碰撞，产生的机械能超过了雷管的机械感度，导致雷管爆炸，进而引起炸药爆炸[12]。

在炸药运输过程中严禁与雷管混装，这是最基本的安全规矩，然而，作业人员却熟视无睹，竟然"把一塑料袋雷管扔进了装有 200 公斤炸药的吊桶内"。由此可见，当事者对安全规矩是何等藐视！

懒惰、侥幸和趋利是人性的弱点，也是藐视规矩、违反标准的动力和原因，在一个组织中如果没有针对违规行为持续而有力的惩罚刺激，违规现象就会像瘟疫一样蔓延。

三、知险不避

古人云：君子不立危墙之下。从安全角度讲，"明知山有虎，偏向虎山行"是一种愚蠢行为，知道危险，及时躲避才是明智之举。尽管有许多血淋淋的事故不断警示人们，但人的冒险行为却屡见不鲜，知险不避者大有人在，这是人错误的第二种表现形式。

一个智力正常的人，为什么明知有危险而不去躲避呢？这是因为人们普遍存在一种潜在心理——侥幸，这种心理反映在人们的各种思维活动中，并对人们的行为起一定干扰作用。心理学研究认为，侥幸心理几乎是人人都有的一种心态，这种心态是相信自己一定能够获得意外收益或者躲过某种可能出现的灾祸，是一种与自然规律相违背的心理预期。通常情况下，侥幸心理只是一种潜意识，不足以决定性地支配人的行为，但当受到某种诱惑的影响，人的自控能力下降，这种潜意识得到孕育和膨胀以后，就会引发冲动，进而实施冒险。

某安装公司在进行卸船机安装作业过程中，一名作业人员在没有采取任何防坠落措施的情况下，擅自爬上卸船机主梁进行作业，不慎从高处坠落造成重伤，经抢救无效死亡。在这一案例中，遇难人员在决定"不采取任何保护措施到卸船机主梁上作业"时，一定权衡过面临的危险，也明白一旦发生坠落会导致怎样的后果，但是，他毫无根据地坚信自己不会从高处坠落，因此冒险实施作业，结果酿成了悲剧。如果某一行为的后果，一定使人 100%地受到伤害，正常人是不会实施这一行为的。例如，没有人愿意将手伸到沸腾的开水中，因为那样必定被烫伤。许多人知险不避的原因在于：冒险并不一定受到伤害，而且可能得到某种程度的收益。高处作业不系安全带，节约了时间；立于危墙之下，便捷地躲避了寒风或者烈日。如此数回，"冒险经验"日趋丰富，知险不避就司空见惯了。在这一点上，知险不避和藐视规矩一样，重复就是催化剂。重复违规没有被处罚，导致更多违规；重复冒险没有被伤害，导致更多冒险。

　　下面，再介绍两个典型事故案例，进一步说明人的冒险行为与事故之间的关系。

　　2013 年 10 月 8 日，山东省博兴县诚力供气公司煤气柜发生重大爆炸事故，造成 10 人死亡，33 人受伤。涉事煤气柜总容积 5 万立方米，2012 年 9 月投用以来运行状况基本正常，但从 2013 年 9 月 25 日开始，其活塞密封效果呈下降趋势，9 月 30 日开始，煤气柜的 10 台煤气泄漏报警仪频繁报警。对出现的重大险情，企业负责人一直没有采取有效措施。10 月 2 日，该公司安全部门要求检查报警原因，消除事故隐患。10 月 5 日，企业暂停煤气柜运行，安排人员进行了检查，发现有 8 处漏点，对此，企业负责人仍然没有重视，反而在未采取相应安全措施的情况下，决定恢复煤气柜运行。10 月 5 日 17 时，煤气柜的 3 台报警仪满量程报警，企业仍未采取果断措施。10 月 8 日凌晨，气柜 10 台报警仪都发出超量程报警，对此，企业负责人仍然置若罔闻，冒着巨大风险强行维持生产，17 时 56 分发生剧烈爆炸，50 多米高的庞然大物瞬间变成废墟。经调查，事故发生的直接原因是气柜运行过程中，因密封油黏度降低、活塞倾斜度超出工艺要求，致使密封油泄漏，密封系统失效，造成煤气大量泄漏。

泄漏煤气与空气相遇形成爆炸性混合气体并达到爆炸极限。煤气柜顶部安装有 4 套非防爆的航空障碍灯，天色变暗自动开启时产生了点火源引发爆炸[13]。

一个贪婪的猎人策马飞奔，疯狂地追赶着发现的猎物，尽管他很远就看到了前面的深渊，但他确信：一定能在跌入深渊前捕获猎物。于是，他快马加鞭……，结果他大悟之后却没有了悬崖勒马的机会，最终坠入万丈深渊。贪婪的猎人并非意识不到面临的危险，只是毫无根据地盲目自信，犯下了无法弥补的错误、造成了不能挽回的后果，这一点与上述事故案例中的当事者完全一样。

2004 年 5 月 18 日，山西省吕梁地区交口县蔡家沟煤矿发生一起特大煤尘爆炸事故，造成 33 人死亡。该煤矿未按规定采取防尘措施，致使井下出现大量煤尘并达到爆炸浓度。作业人员在维修硐室内实施焊接作业时，产生的电弧引发了煤尘爆炸。该煤矿没有建立有效的防尘供水系统，未安装喷雾洒水装置，没有预防和隔绝煤尘的措施，也没有采取及时清除巷道中的浮煤、冲洗沉积煤尘、定期撒布岩粉等措施。同时，井下布置了 19 个掘进头，通风系统紊乱，无法及时将煤尘稀释排出，造成了煤尘浓度超标[14]。

　　我们毫不怀疑煤矿管理者了解煤尘的危害、清楚煤尘爆炸的危险。那么，他们为什么会如此放任呢？唯一解释就是为了短期利益，知险而不避，而且这种冒险绝不会是偶然一次。可以推测，在一定时期内，该事故煤矿井下，煤尘飞扬司空见惯，只是没有达到爆炸条件，或者是浓度不够，或者是没有点火源而已。

　　为了眼前利益，知险而不避，毫无顾忌地立于危墙之下，焉能平安无事？现实中类似例子并不罕见，而让人无法理解的是，在一次又一次血的教训之后，一些人的安全意识并没有明显提高，即便是事故经历者、甚至是受害者，也会由于时间流逝，忘记了鲜血的颜色，于是又出现了新的冒险、造成了新的流血……从这个角度来看，一些人是多么冥顽不化，这是一种大错啊！

四、无知无畏

　　人导致事故的错误还有另一种表现形式，就是由"无知"造成的"无畏"。一个人身陷狼穴而浑然不知，谈不上畏惧，没有畏惧就没有防范，最终后果肯定是葬身狼腹。这里所说的"无知"是指对活动过程发生事故的巨大可能性和后果的严重性没有认知，就是对"高风险"的无知，毫无根据地认为活动过程绝对安全。事实上，事故之所以出乎意料（事故特征之一），根源正是这种"无知"。对发生事故的可能性和事故可能造成后果的严重性这两者之一"无知"，就会导致"部分意外"；对这两方面都"无知"，就会导致"完全意外"。造成这种"无知"的原因有两种，一是缺乏专门知识，无法辨识和分析活动存在的危险，因而不知道危险就在身边；另一种情况是尽管具备相关的知识，但没有进行认真分析，因而没有发现活动过程存在的危险。

我们将这种人对危险全然无知的状况称为"险盲症"，这种症状导致人对事故失去防范意识，是造成事故的常见原因。"险盲症"患者有两个明显特点，第一个是选择性，患者并不是对所有危险都视而不见，而是由于自身经历、知识以及性格等所限，对某些特定活动存在的危险性"无知"。例如，一名行车安全记录良好的汽车司机，对超载、超速等行为带来的危险，在认识上非常到位，但他对氧气与汽油接触带来的危险没有认知，竟然使用高压氧气清除汽油管路中的堵塞物，结果引发油箱爆炸。这一案例说明，这位司机对某些行为带来的危险有充分认识，而对另一类行为存在的风险却一无所知。第二个特点是递增性，随着冒险经历增加、持续时间延长，"险盲症"患者对特定危险"无知"的症状会不断加重，如果没有外界的影响（例如教育培训），"自愈"的可能性越来越小。

2013 年 6 月 1 日，某化学公司发生异丁酰氯泄漏事故，现场操作人员在处理泄漏物料时，未佩戴防毒口罩等防护用品，吸入异丁酰氯有毒气体，引起吸收性肺损伤，救治无效死亡。异丁酰氯对人的黏膜、上呼吸道、眼睛和皮肤有强烈刺激性，吸入后可引起化学性肺炎或肺水肿而致死。

上述事故中的受害者，不了解异丁酰氯的毒性，不知道他所处理的危险物料能够致人死亡，所以没有采取防护措施，导致中毒而丧命。据调查，该企业曾多次发生少量异丁酰氯泄漏事故，操作人员在进行现场处置时也没有采取防护措施，由于泄漏量较少，接触时间短，现场人员没有出现明显中毒症状，因而患上了"险盲症"，从而丧失了对这种毒性化学物料危险性的认识。

2014年8月2日，江苏省苏州市昆山中荣金属制品有限公司发生特别重大铝粉尘爆炸事故。根据2014年12月30日国务院对事故调查报告批复公布的数据，爆炸事故共造成146人死亡，114人受伤，直接经济损失达3.51亿元。事故企业未按规定及时清理除尘系统，导致铝粉尘集聚，除尘系统风机开启后，打磨过程产生的高温颗粒在除尘器集尘桶上方形成粉尘云。由于除尘器集尘桶锈蚀破损，桶内铝粉受潮发生氧化反应而放热，使集尘桶局部温度大幅度升高达到粉尘云的燃爆温度引发系列爆炸[15]。

实事求是地讲，事故企业管理者对铝粉尘爆炸的危险性没有足够的认识是这起特别重大事故的根本原因。正因为如此，在厂房设计、生产工艺布局、除尘系统设计制造、生产管理等诸方面都没有采取相应的防爆措施。

实际活动中也存在这样的情况，一个人完全具备相应的专业知识，应该能够认识到所从事活动存在的风险，但是，在关键时刻瞬间出现"险盲症"症状，造成了严重后果。例如：一辆老旧汽车在夜间行驶过程中突然熄火，驾驶员判断可能是汽油已经燃尽，但是由于汽油表发生了故障，无法确认油箱中是否还有汽油。驾驶员急中生智，找来一根很细的树枝，开启油箱盖，将树枝探入油箱内试图测量汽油液位。取出树枝后欲查看，由于夜晚光线暗淡，驾驶员就掏出打火机在油箱口附近打火照明，此时此刻，驾驶员完全忘记了汽油可能燃烧爆炸的危险，结果酿成了惨祸。类似案例中，当事人完全具备避免事故的知识，也就是说，在正常情况下，他们了解其行为可能带来的严重后果，而只是在实施行为的瞬间变成了"无知者"。

本章给出了"所有事故都是因为人的错误"这一推论，分析了人错误的三种表现形式，这三种形式实际上也是人犯错误的思想根源。除此之外，许多复杂因素也会导致人的行为出现错误，例如情绪、疲劳、药物、酗酒等，对此本书不做深入探讨，感兴趣的读者可以阅读有关专著。

第四章

怎样避免事故

既然事故都是人的错误造成，预防事故就只能从人的思想和行为开始研究、探讨。人类面对错综复杂的客观世界，活动方式多种多样，活动内容丰富多彩，不同的活动方式和内容包含着不同的危险因素，因此，人们不可能一劳永逸地找到一剂根绝事故的灵丹妙药，只能根据活动的具体情况，不断探索避免事故的具体办法和措施。但是，在充分认识事故一般规律的基础上，我们能够悟出一些具有普遍指导意义的事故预防法则，如果人们的行为遵循这些法则，大量事故是能够避免的。

一、从根本上解决思想问题

人的行为是由思想决定的，规范人的行为必须首先改造人的思想。解决思想认识问题，使人不犯错误或少犯错误，是避免事故的根本方法。

违背人的意志是事故主要特征之一，因此在预防事故这一点上，人们的利益相同，目标也高度一致，这完全不同于其他方面，不会由于利益目标不同出现思想对立。所以，在预防事故这一问题上，思想差异不在于方向和目标，而在于途径和方法。我们批评一个人"不重视安全"，实际上不完全准确，一个正常人不会不重视安全，任何人都不希望发生事故，真正不重视的可能是实现安全的途径和方法。有人小心谨慎，一切行为都循规蹈矩、按部就班，对安全规矩从不越雷池一步；有人侥幸心理严重，粗心大意，对安全规矩不敬畏、不遵守。但是，侥幸心理严重的人也不会把生命和财产当作无足轻重的东西，他们同样珍惜生命、爱护财产，他们只是在侥幸心理的作用下，错误地认为事故都是别人的，离自己很远，因此放弃了小心谨慎、放弃了遵守规矩，选择了违规和冒险。

古人云："君子以思患而豫防之。"思患，就是要有忧患意识，就是要在思想上保持警惕，以"如履薄冰、如临深渊"的谨慎态度对待所从事的活动。在思想上彻底消除侥幸心理，充分认识到实现安全目标必须通过正确的途径和方法，把对安全目标的重视转化到不折不扣地遵守安全规矩上来、转化到坚决执行实现安全的途径和方法上来。

"狼来了"是一则家喻户晓的寓言故事。笔者无意否定这则寓言的教育意义，只是想从另一个侧面分析其对"狼随时会来"这种风险意识的忽略，从而说明应该怎样"在思想上重视安全"。实际上，正是由于"大人们"思想麻痹、侥幸心理严重，没有采取必要的措施来保障孩子的安全，才导致他葬身狼腹。孩子只身一人在山里放羊，随时都可能遭到野狼袭击，大人们错误地命令孩子：在狼真的到来之前不准大声呼救。他们并没有考虑，如果等到狼真的来了才喊救命，孩子的性命能保住吗？类似地，许多人在思想深处树立起了"狼不来不能喊"的观念，而拒绝接受"狼随时会来"的警告。

世上最顽固的就是人的思想，特别是已经长期形成、带有普遍性的顽固认识，必须付出巨大努力才能有所改变。一个人的综合素质决定了他的思想认识，提高全社会成员的风险意识，必须提高全民的文化素质、科学素质和辩证思维素质。百年树人，完成这一艰巨的任务的确还需要一个漫长的过程。

二、不折不扣地遵守规矩

把安全规矩推上庄严的神坛，使之成为不可冒犯、不能违背的信条，是预防事故最基本、最有效、最简单和最重要的途径和方法。不管从哪个角度来讲，人确实没有蔑视安全规矩的理由，任何人都应该在心灵深处建立起对安全规矩的敬畏，自觉自愿地学习规矩、不折不扣地遵守安全规矩。针对各种活动建立的安全规矩都是用鲜血与生命换来的，人们在经历过无数次事故，并付出了巨大代价之后，才认识和掌握了这些避免事故的方法和措施。因此，这些规矩非常珍贵，我们没有理由怀疑其必要性和正确性，在任何情况下都应该严格遵守。从目前的实际情况看，并不是每一位社会成员都能明白上述道理，都能了解和遵守所从事活动的安全规矩。许多人的内心中没有对安全规矩的敬畏，藐视、践踏安全规矩的行为屡见不鲜。那么，我们需要采取怎样的方法来改变这种状况呢？

有个真实的故事，很发人深省。一个 4 岁男孩，受过良好的教育，随父母乘飞机到遥远的地方探亲。一位叔叔和一位阿姨开一辆小轿车到机场接他们。乘车时男孩与其父母三人坐在后排座椅，男孩在中间的位置。上车后，男孩发现他的座椅位置竟然没有安全带，于是提出强烈抗议，并拒绝乘车，哭闹不止。小男孩对"乘车必须系牢安全带"这一安全规矩如此执着，让许多成年人感到羞愧和汗颜！他周围的人应该都是遵规守矩的模范，他受到了良好的安全教育，这样的教育让一个儿童确立了对规矩的敬畏。笔者一位在德国工作生活的同学，儿子上小学时每天早晚由他开车接送，有段时间车上的安全带卡扣坏了，不能系牢安全带，儿子宁可步行上学，坚决不坐他的车，直到安全带卡扣修复。同学回国讲起这件事，我们这些受过国内高等教育的人无一不感到内疚。所以，从政府到家庭、从社团到学校、从精英到大众，必须共同努力，全面营造遵规守矩的社会安全文化，才能在每一位公民的心中树立起安全规矩的尊严。

事实上，对从事危险工作的人员进行安全教育培训本身就是一条规矩，并且在部分行业领域是国家强制性规定。不同行业、不同工作都有相应的规矩，无论在哪个行业从事何种工作，都必须首先了解应当遵守的安全规矩有哪些、为什么要遵守这些规矩、违背规矩会带来怎样的后果等。例如，对进入污水池、窨井等场所作业的人员，必须进行受限空间作业方面的安全培训教育，使他们了解国家对进入受限空间作业的规定和要求，明白受限空间容易聚集有毒有害气体，违规进入此类场所可能会受到毒害，使他们理解制定这些规矩的原因和道理。当作业人员掌握了这些知识、明白了其中道理，就有了遵守规矩的自觉性，从而大幅度减少违规行为。

依靠公权的强制力，对违规行为实施处罚，是促进社会成员严格遵守安全规矩的有效手段。必须在提高处罚强度的同时，提高违规者受到处罚的概率，使违规收益远远小于受到处罚必须付出的成本，形成"违犯规矩成本高、遵守规矩成本低"的基本态势，才能保证安全规矩被普遍遵守。例如在新加坡，行人第一次闯红灯罚款 200 新元（约相当于人民币 1000 元），第二次、第三次再闯红灯，最重可判半年到一年的监禁；美国各州对乱穿马路者罚款 2～50 美元不等，虽然数额相对不大，但违规行为将会记入个人信用记录，终身不能抹去；在德国，有闯红灯记录者购物不能分期付款或延期支付，在银行的贷款利息要远高于一般人。同时，在这些国家，闯红灯被处罚的可能性相当高，因此，闯红灯者少之又少，遵守交通规则已经成为当地居民的自觉习惯。

在一个集体中，违规行为也必须成为严厉处罚的对象。在集体活动中，仅仅一个人违规就可能葬送其他成员的生命，给集体带来毁灭性灾难，因此，集体必须把建立安全规矩、并确保这些规矩得到落实，放在重中之重的位置。所有集体都应该根据从事活动的特点，结合国家或行业安全标准，对成员的某些具体行为制定详细规程，并建立严格奖惩制度，对违反安全规矩者进行严厉处罚。在此基础上，集体各成员间也应该建立相互监督的制约机制，以督促全体成员严格遵守安全规矩，杜绝违规行为，最大限度减少事故。

如果安全规矩在每个人心中成为不能藐视、不可冒犯的，每个人都如同执着于信仰一样遵守规矩，那么，大量事故就能避免，许多生命会得到拯救，人们辛勤创造的财富就不会白白损失！

三、把老虎关进笼子

"把老虎关进笼子"，这里说的"老虎"比喻危险源，指的是能够造成人身伤害、财产损失或者环境破坏等其他对人不利后果的根源或因素，其实质是特定状态下的物（也包括人体本身）、物的组合以及外部环境因素，其属性是本身具有造成伤害、损失或破坏的能量，或者具有将外部能量转化为事故能量（致害能量）的特性。爆炸物、可燃物，如有毒有害危险化学品、带电的电器等都具有造成伤害、损失或破坏的能量，是典型的危险源。人员活动范围内存在的尖刀及其他利器等类似性质的物品，因为能够借助人运动的动能对人身造成伤害，也被认为是危险源。人们进行各式各样的活动，不得不与各种危险源打交道。例如，驾驶机动车就必须控制"高速行驶的车辆"这种危险源；生产烟花爆竹就必须以"炸药"这种危险源为原料；如果进行登高作业，就形成了"具有一定势能"的危险源；飞行活动必须应对"风暴"这一属于自然因素的危险源；等等。

前面已经谈到风险的概念，根据风险的定义，危险源可能造成事故的概率与危险源可能带来的危害程度，共同决定了风险的高低。危险源就像吃人的猛虎，任其自由行动，随时都会伤人甚至吃人，必须把老虎关进笼子里，才能大幅度降低老虎伤人、吃人的可能性。也就是说，必须采取有效措施控制危险源，才能实现活动过程的安全。

针对风险比较高的活动，人们以安全法规或标准的形式，确定了相应的风险控制措施。但这些安全法规或标准的规定，相当一部分是原则性的，也不可能涵盖人们进行的所有活动和活动的每一个环节，因此有一定局限性。例如，在道路交通领域，安全规范尽管比较完善，但对"行驶了24万公里且变速器有故障的车辆，在先下雨后下了雪的深夜、路面上有许多碎石的山间公路上行驶"应该如何保障安全，现成的标准规范并没有给出具体驾驶规程。实际上，人们从事的大量活动都没有成文的安全标准，或者由于具体情况的特殊性，仅仅执行现有安全标准不一定能够有效避免事故。形成这种状况的原因一方面在于多数活动的风险很低，没有建立统一安全规范的必要，例如手工缝补衣服就没有制定安全规范的必要；另一方面，由于人们从事活动的方式和内容繁杂多样，活动实施者、参与者、工具、对象和环境等因素变化无常，不可能对各种活动的各个环节都能制定出符合其具体情况的安全标准。例如，如何在 7 级大风、−40℃的室外环境下，将浓硫酸转移到一只试剂瓶中，对此没有现成的操作规范可以遵循，只能根据法规标准的原则和具体情况确定操作程序和相应的安全控制措施。由此我们可以看出，要想进一步提高安全保障水平，仅仅遵守现有安全规范还远远不够，必须根据活动自身的实际状况，辨识和分析活动过程存在的危险源，评估其风险大小，并采取可靠的安全措施，将风险值控制在可接受水平以内，这样的一个过程就是风险管控。

风险管控包括危险源辨识、风险评价和确定风险管控措施三项基本任务。首先要搞清楚"吃人的老虎"在哪里，然后分析它的破坏力有多大、跑出来吃人的可能性有多高，最后确定用什么方法控制它，是关进笼子里，还是用铁锁链拴起来。

危险源辨识是风险管控最重要的基础性工作，也是最容易出现纰漏的环节。危险源辨识的范围应该包括活动过程涉及的各种物（包括人体本身）或物的组合，以及外部环境因素。要涵盖以不同形式存在的所有危险源，这些危险源都可能给人们带来某种类型的伤害或损失。即使只有人参加的活动，也可能由人自身的能量对本人或他人造成伤害，踩踏事故就是典型的例子。因此，对具体活动过程，搞清楚可能给人们带来伤害或损失的危险源以及可能造成伤害的类型十分重要，找出危险源存在的部位或环节，确定其可能导致事故的类型，是危险源辨识的关键内容。例如，我们对"登高更换照明灯"这一活动存在的危险源进行辨识：高处作业人员因自身的重力势能增加形成危险源，有坠落危险；带电线路也是危险源，有触电危险；作业人员携带的工具也是危险源，有坠落砸伤他人的危险；等等。再如，我们对"进入污水池实施清理作业"这一活动的危险源进行辨识：作业人员因自身的重力势能变化形成危险源，进入和撤离污水池过程中有坠落危险；污水池是危险源，人员进入其内部有中毒窒息的危险（污水池内可能存在毒性气体或缺氧）；如果涉及易燃易爆物品，还会有发生火灾或爆炸的危险；等等。某些危险源的危害性在正常条件下往往不明显，需要假设各种可能出现的情况来进行辨识分析。因此，要做到全面、准确地辨识危险源并确定其可能带来的危害类型，是一项比较复杂、专业性比较强的任务。在实际工作中，一般会请有实践经验的一线人员、专业技术人员以及管理人员共同完成复杂活动的危险源辨识。

不同活动存在风险的大小有很大差别。参加山地摩托车大赛的选手比"宅男宅女"面临的风险要大得多；消防队员从火海中抢出燃烧的煤气罐要冒着巨大风险，与之相比，演员在舞台上载歌载舞的风险就可以忽略不计。风险评价就是对活动风险的大小进行量化评估，实现用数学语言表达风险大小的目的。目前，人们针对活动的不同内容、风险的不同类型，已经建立了各种各样的风险评价方法，为准确量化风险提供了科学规范的评价工具。

制定风险控制措施就是研究确定降低风险或防止风险升高的手段或方法。在风险评价过程中，应该充分考虑现有控制措施的可靠性，并在此基础上提出保障现有控制措施持续有效的方法（这些方法本身也属于控制措施），必要时还应提出增加和改进控制措施的建议。在其他条件不变的情况下，风险高低与其控制措施的强弱成反比。也就是说，控制措施越全面、越严格、越可靠，风险就越低。我们仍然以对老虎（危险源）的控制为例进行说明：把老虎关进笼子里这一措施的实施，降低了老虎逃出来吃人的可能性，而且笼子越坚固，这种可能性就越低，老虎吃人的风险就越小。如果在此基础上，笼子四周再设一道电网，老虎逃出来的可能性进一步降低，老虎吃人的风险随之进一步下降。如果再给老虎戴上钢制嘴笼（这样即使老虎逃出来也不能吃人，是一项减轻事故后果的措施），老虎吃人的风险又会大幅度减小。根据发挥作用的方式不同，风险控制措施可以分为工程技术措施、管理措施、培训教育措施、个体防护和应急措施五种类型，前两种措施主要着眼于降低事故发生的可能性，后两种措施主要着眼于降低事故可能造成后果的严重性。多数情况下，这几种类型的控制措施同时采用，共同发挥作用。

从根本上降低活动风险的措施是最大限度地降低活动要素的致害能力，就是选择"属性安全"的活动要素。从广义上讲这也是一种管理措施，但有其特殊性。前面我们已经谈到，事故的致害主体是人们从事各种活动所必需的要素以及外部的环境因素。如果这些要素（因素）根本没有造成人身伤害、财产损失或其他损害的能力（能量），在活动中就不会发生事故。人与虎为伴肯定是一项风险很高的活动，因为老虎会吃人，一旦发生意外，人就可能葬身虎口。如果不是必须，不妨与温顺的羔羊为伴，这样的话风险就很小，因为羔羊不具备伤害我们的属性（能力）。由此可知，选择"属性安全"的活动要素（包括环境因素）是降低风险、避免事故的根本方法。同样，在包含许许多多"小活动"的活动中，最大限度减少、甚至取消风险比较高的"小活动"，也能够大大降低整个活动的风险。使活动要素实现"属性安全"的方法有两种：一是减量，二是替代。减量是减少"属性不安全"的活动要素的数量或出现频率；替代是用"属性安全"的活动要素代替"属性不安全"的活动要素。例如，在烟花爆竹生产过程中，限制作业场所的火药数量就是一种"减量"措施，而国家明确要求用高氯酸钾代替氯酸钾制备烟火剂就是一种"替代"措施。选择"属性安全"的活动要素，不是以要求人的具体活动行为必须符合某种标准为基础，而是以物的状态或性质为保障基础。这就从某种程度上减轻了实现安全对人行为的依赖程度，从而降低了风险，因为人的错误是最难避免的。

随着科技进步，工程技术措施在控制风险方面的作用越来越受到人们的重视，突出表现在"防错和纠错"技术的广泛应用。利用工程技术措施确保人不能实施错误行为，或者即使人实施了错误行为也会在引发事故之前被及时纠正或终止，从而实现活动过程的所谓"本质安全"。这种技术能保障"应该做的必须去做并且必须做好、不应该做的根本无法去做"，不给人犯错误的机会和可能。现代科学技术的发展，为实现"本质安全"创造了可能，在一些领域已经取得了明显成效。当然，全面推广"本质安全"技术也受到一些条件限制：一是技术上的可行性，在某些领域、某些环节实现"本质安全"的技术难度仍然很高；二是成本上的制约，在一些情况下，实现"本质安全"尽管在技术上可行，但需要付出很高成本，经济上不可行。但无论如何，"本质安全"技术是大势所趋，其应用领域将会越来越广泛。但在现阶段加强对人的教育培训和科学管理，仍然是减少错误的主要手段，因而也是控制风险、预防事故的重要措施。

根据事故过程的阶段性规律，事故一般都有前导事件，前导事件往往会导致活动要素（实施者、参与者、活动对象、工具、外部环境等）形式或者内容上的改变，这些改变可能带来新的风险，也可能使原有风险升高。前导事件出现后，如果不及时进行辨识和分析、不能及时认识到新风险出现或原有风险增加，也就不能迅速采取新的风险管控措施，活动就会处于高风险状态。所以说，敏锐地捕捉活动过程中出现的新情况、新变化，及时认定事故前导事件，并对其造成的新风险或风险提升进行辨识和评估，在此基础上改进原有管控措施或者增加新的管控措施，对预防事故具有特别重要的意义。

下面通过两个事故案例进一步说明上述观点。

2016年6月5日，某化学公司操作人员根据任务安排，要将原料储罐内物料输送到下一工序。按正常操作规程开启物料泵之后，发现物料未能正常送出，操作人员判断可能是原料储罐的出口堵塞，于是一名操作人员爬到罐顶、打开人孔盖，察看罐内情况。由于发现罐内仅有少量物料，该操作人员决定进入罐内实施清理，但是没有采取任何防护措施，进入罐内后很快出现了中毒症状。现场另外2名员工发现后，在未佩戴防护装备的情况下，直接从人孔进入罐内施救，很快也出现了中毒症状。专业救援人员赶到后发现3人已全部死亡。

"储罐出口堵塞，物料不能正常送出"这一事件，是此次事故的前导事件，该事件的发生使"清理原料储罐出口"成为一项必须实施的作业活动，因此，与正常情况下的作业活动相比，操作人员的活动内容、形式和对象都发生了变化，这些变化使作业活动出现了新的风险。进入罐内进行清理作业，很容易发生中毒窒息事故，风险很高，必须采取相应的控制措施才能实施。由于作业人员没有认识到面临的巨大风险，也不了解相关规范要求，因而没有采取控制保护措施，冒险进入了罐内，造成了中毒。对施救的 2 名员工来说，发现有人遇险后，实施紧急救援成为了他们的新任务，也同样面临巨大风险，他们同样没有认识到，因而也没有采取相应措施，最终付出了生命的代价。

2017 年 8 月 7 日，一辆装载了 10 吨液态危险品的运输车辆，在行驶过程中突然发生爆炸，造成 5 人死亡，12 人受伤。调查发现，事故车辆的许可装运品种为柴油，事故发生时，该车装运的液态危险品是一种过氧化物，此危险品遇柴油、汽油等易燃物发生化学反应，在高温、碰撞等条件下会发生爆炸。按规定，运输此类危险货物时应采用聚乙烯桶包装，单独运输，低速行驶，并避免颠簸震荡，夏季时应在早上或晚上运输，防止日光暴晒，禁止与易燃物、自燃物、有机物等混装。事故直接原因有以下几个方面：事故发生时正值高温季节，车辆罐体在阳光暴晒下温度很高；运载量只占罐体总容量的 1/3，在行驶速度发生变化时，物料在车辆罐体内发生剧烈晃荡和撞击；过氧化物与车辆罐体内壁附着的残留柴油发生了反应。在上述多个因素的共同作用下，装载的危险品发生了爆炸。

　　按照规定，危险货物运输车辆只能专门运输经过许可的某几个品种，不能随意载运其他危险货物。上述事故中，使用运输柴油的罐车装载运输过氧化物是一个严重事件，这一事件导致了运输对象改变，大幅度提高了货物运输活动的风险，属于事故的前导事件。这一前导事件的发生，就像一个人身后尾随了一只饿狼，如果浑然不觉、不及时防范，随时都可能遭到饿狼袭击。高温、物料晃荡、与残余柴油反应等诱因叠加，使风险进一步上升，最终导致了事故。如果能提前意识到变更运载货物可能成为事故前导事件，及时分析判断这种变化带来的风险升高，就可能终止装运计划，或者改用其他方式进行运输。如果采取聚乙烯桶包装单独装运、低速行驶、防止暴晒等控制措施，相当于把老虎关进笼子，就能够有效保障这种危险品在运输过程中的安全，这起事故就可能避免。

　　事实证明，风险管控是有效预防事故的科学方法。但需要指出，在危险源辨识和风险评价过程中出现的失误，可能带来长久的负面影响。危险源辨识过程中的遗漏、风险评价产生的较大偏差、管控措施的缺项等，将直接造成人们难以察觉的事故隐患。因此，必须认真严谨地实施危险源辨识和风险评价，才能得出正确的结论，制定出全面有效的风险控制措施，真正把大老虎、小老虎一个不漏地统统关进笼子。

四、在亡羊之前补牢

战国时期，楚国大臣庄辛对兵败出逃的楚襄王讲了一个"亡羊补牢"的故事，说服楚襄王汲取失败教训，痛改前非，重振楚国。此后，人们用"亡羊补牢，犹未迟也"来肯定及时采取补救措施的做法。实际上，这种做法对已经丢失的小羊来说为时已晚了，因为那只可怜的小羊已经葬身在狼腹之中。事故发生之后，人们分析原因、汲取教训，采取补救措施，防止将来类似事故再次发生，这些亡羊补牢性质的举措非常重要，完全正确，然而对本次事故的受害者来说确实已经没有了任何意义。

为了保护好每一只羊，牧羊人定下了一条规矩，每天傍晚对羊圈进行一次仔细检查。有一天，他突然发现羊圈上有一个大窟窿，羊也少了一只，由于担心狼在夜里又会把羊叼走，于是他很快就把窟窿堵好了。那天晚上，果然来了一只饿狼，它在羊圈外转了半天，也没有找到可以进去的洞口，一只羊也没能抓到。

在各种活动中，定期和不定期地检查活动各个方面、各个环节可能存在的安全漏洞或缺陷，并在发现之后及时消除，是人们预防事故的另一种有效方法。这种方法就是目前人们常说的"隐患排查治理"。

隐患的传统定义是：没有被发现的物的不安全状

态、人的不安全行为和管理上的缺陷。但在实际工作中，有时人们对已经发现的"缺陷"仍然称为隐患，直到它们得到整改消除为止。明确了隐患的定义之后，还需要解决如何认定"物的不安全状态、人的不安全行为和管理上的缺陷"等问题，也就是要明确隐患判定标准。判定隐患的标准有以下三个方面：一是不符合国家法律法规、标准规范的；二是不符合本单位制定的安全制度、作业规程要求的；三是不符合安全常识或安全习惯的。

从风险管控的角度看，隐患可以定义为：一项或多项风险管控措施缺失、失效或功能下降的状态。例如，为了控制老虎这个危险源，我们设法把它关进了笼子，如果这个笼子出现了破损（控制措施失效或效力降低），这就是隐患。因为对应每一个危险源，风险控制措施都是具体的，所以这一定义明确了隐患判定的标准，对隐患的排查和认定更具有实际指导意义。例如，为控制压力容器超压爆炸的风险，制定了"设置安全阀并定期检验"的措施，如果安全阀到期未检验，就必须判定为隐患；为控制驾驶机动车的安全风险，制定了"必须经考核取得证书才能驾驶机动车"的措施，如果一个人无证驾驶，就必须判定为隐患。

隐患排查是以发现隐患为目的，对活动因素和活动步骤进行检查的工作过程。确定排查项目和内容是隐患排查的基础，应该本着全面、具体的原则，将对活动安全有直接和间接影响的事项全部纳入排查范围，避免出现遗漏。我们可以按照设备设施、人的行为、环境因素、安全管理等方面，对照国家法规标准、本单位的制度规程，逐一确定隐患排查项目和内容，并根据排查项目可能发生变动的频率确定检查周期。

在许多情况下，隐患绝没有"羊圈上的窟窿"那样明显，消除隐患也没有"补窟窿"那样容易，发现隐患和治理隐患都有一定难度。在隐患排查中，可能会出现以下三种不利情况：一是对属于隐患的状态、行为或缺陷根本没有察觉，因而没有发现隐患；二是察觉到了某种状态、行为或缺陷，但没有判定属于隐患，因而没有纳入治理范围，致使其继续存在；三是已经发现了隐患，但没有及时进行整改消除。这三种不利情况中的任何一种，都会导致事故发生概率升高，或者增加事故后果的严重性。

2016年12月7日，某企业对硫酸储罐进行维修，在焊接作业过程中发生爆炸。按照设计，发生事故的储罐只能用来存储浓硫酸，但是该企业购进的硫酸浓度远远达不到浓硫酸标准，储罐内实际储存的是稀硫酸。稀硫酸与罐体金属发生化学反应产生氢气，在罐体上部空间与空气形成爆炸性气体，焊接作业产生的火花引发了爆炸。

对该起事故来说，"购进的硫酸浓度过低、达不到浓硫酸标准"这一事件是事故的前导事件，其形成的状态属于严重安全隐患：罐体上部空间形成了爆炸性气体。这种状态就像是羊圈上出现了窟窿，但事故企业没有及时发现，因而没能避免这起爆炸事故。调查发现，事故企业没有建立相关隐患排查制度，没有定期检查储罐内硫酸的浓度和上部空间的气体成分，因而没有及时发现、及时整改这一重大隐患。

2016 年 5 月 14 日，某运输公司的一辆大型客车与 2 辆货车发生碰撞，造成 6 人死亡，25 人受伤。在客车高速行驶过程中，驾驶员突然发现前方车辆明显减速，随即采取了紧急刹车和打方向等措施，但由于防抱死制动系统损坏，导致车辆失控发生事故。

据调查，该事故车辆的防抱死制动系统在事故发生前 4 年就已经损坏，但一直未进行修复。驾驶员发现隐患后也没有重视，仍然驾驶"带病"车辆上路行驶。这种情形，就像牧羊人已经发现了羊圈上有一个大窟窿，但心存侥幸，没有及时补好，最终导致可怜的小羊变成了恶狼的美餐。

人的不安全行为是很普遍的隐患，也是引发事故的常见原因，应该作为隐患排查的重点。但是，人的行为是动态的，甚至瞬息万变，有时可能不留任何痕迹，因此，不安全行为的排查和治理有相当大的难度。例如，深夜在工作岗位上值班的人往往会瞌睡，这样的隐患是动态的，难以发现，往往也不留痕迹，根治难度比较大。为达到减少不安全行为的目的，必须采取适当的控制方法、建立科学的管理制度，或者使人的不安全行为留下可以核查的证据。在此基础上，就可以对上述控制方法、管理制度的执行状况，以及不安全行为留下的证据实施核查，发现问题及时整改。

　　2017年6月5日凌晨1时左右，某化工公司装卸区内的一辆液化石油气罐车，在卸车作业过程中发生液化气泄漏，引发重大爆炸着火事故，造成10人死亡，9人受伤。调查表明，肇事罐车驾驶员长时间疲劳驾驶，在午夜进行液化石油气卸车作业时，没有严格执行卸车作业规程，出现严重操作失误，致使管道接口与罐车卸料管未能可靠连接，造成罐体内液化气大量泄漏。泄漏的液化气与空气混合后，形成了爆炸性云团，遇到点火源发生剧烈爆炸。

　　据调查，事故车辆驾驶员从6月3日17时到6月5日凌晨1时，在近32小时的时间里只休息了4小时，在极度疲惫状态下实施卸车作业，出现了严重的操作失误，致使卸车管道接口未能可靠连接。这起事故纯粹由人的不安全行为造成，所以说，从某种意义上来讲，人的不安全行为与物的不安全状态相比是更严重的隐患。调查发现，该企业在液化石油气装卸过程中，曾多次发生由于操作不当引发的泄漏事故,但一直没有采取有效措施。为保障装卸作业安全,应该至少采取下列两项措施:在车辆进行装卸作业前,核验驾驶员和押运员的证件以及行车时间,存在违规行为或疲劳驾驶嫌疑的不准进场装卸;对装卸操作实施双人作业制度,管道连接、阀门启闭等关键操作一人实施另一人核验。将这两项措施作为隐患排查治理的内容,就可以通过检查作业记录、核查现场视频录像等手段比较客观地查明落实情况。如果这些措施不落实,就要视为安全隐患,必须立即整改,这样就可以大幅度降低装卸作业人员出现操作失误的可能性。

五、筑牢最后一道防线

人不是神,不可能永远正确,因此,错误不能根绝,事故也就不能完全避免,所以必须再筑起一道防线,在事故一旦来临时,能够及时有效地采取紧急处置措施,抢救遇险人员,最大限度地控制事故规模,减少伤亡和损失。这是一道无奈的防线,却又是极为重要、不可或缺的防线。在介绍风险管控的有关章节中,对应急处置和防护措施进行了简单说明,虽然这类措施也是为了在发生事故时控制事故规模、保护现场人员,但都属于常态化的管控措施,而一些事故状态下采取的紧急处置措施更加复杂、实施难度更大，更需要有充分准备。

全面的事故应急处置和抢险救援应该包括以下 7 个方面的内容：搜救、阻断、对抗、控制、隔离、疏散和保障。

搜救：事故往往会造成人员被困或受伤，如果不能及时帮助他们脱离危险区域，很可能造成进一步伤亡，所以，在安全条件允许的情况下，必须立即展开搜索和救援，发现被困人员后，及时将他们转移到安全地带，把伤员送往医疗机构，这是事故发生后第一位的任务。

阻断：迅速判明事故能量来源和可能介入事故的其他能量载体的情况，阻断事故能量供应渠道，同时也必须阻断可能介入事故的其他能量供应通道。例如，化工厂发生易燃品泄漏事故后，必须首先设法封堵泄漏点，并迅速切断现场的电力和燃气等能量供应。

对抗：采取措施消除或者减弱事故致害因素的作用，对抗由于事故能量失控带来的不利影响。例如，发生火灾事故后迅速扑灭明火、发生氯气等有毒气体泄漏后立即实施捕消作业等。

控制：在可能的范围内和程度上，对事故能量的释放方向和范围进行控制，以最大限度地减少伤亡和损失。例如，发生硫酸泄漏后立即挖掘引流沟渠将其导入废水池内，这就是对事故的控制。事故控制最成功、最典型的案例是"哈得孙河奇迹"。2009 年 1 月 15 日，一架全美航空公司客机起飞后不久发生飞鸟撞击事故，导致两个引擎失灵，机长萨伦伯格临危不乱，以超凡技术控制客机成功迫降在纽约哈得孙河上。

隔离：采取适当方法，将可能的受害对象与致害主体、事故能量实施有效隔离，以起到保护人员和财产的作用。例如，高级汽车安装防撞气囊，在发生剧烈碰撞时将驾驶员与方向盘隔离；大型商场安装防火门，发生火灾时自动关闭，与失火区域隔离，防止火势蔓延等，这些都属于事故发生后采取的隔离措施。

疏散：在对事故发展趋势进行初步分析判断的基础上，对事故危害可能蔓延、波及范围内的人员和重要物资进行疏散转移，从而减少伤亡和损失。

保障：包括为实施上述任务提供物资（包括装备、工具、仪器、生活用品等）保障，也包括提供交通、医疗、气象、环境、通讯、勘测、咨询等服务方面的保障。需要指出的是，一般事故由于规模较小、涉及面不会很广，其应急处置和抢险救援工作可能只涉及上述任务中的几个方面，但对某些复杂、特殊的事故也可能涉及更多方面和更广领域，实战中要围绕"减少伤亡、减轻损失、降低危害"这一目标，根据需要适时展开相关工作。

应急准备是事故应急处置和抢险救援的关键和基础，搜救、阻断、对抗、控制、隔离、疏散和保障等每一项任务都需要充分和有针对性的准备。人们从事不同活动，可能发生事故的类型多种多样，即使发生了同一类型的事故，也可能由于发生的部位、时机等具体情况的不同，而在事故规模、发展趋势等方面有很大差异。要实现应急准备的充分性、针对性，必须对可能发生的事故进行分析和研究：全面和详细地分析所从事活动各种要素的具体内容和性质，认真辨识活动中涉及的各种危险源，掌握其危险特性，假定可能发生事故的部位或环节，分析确定事故状态下可能出现的新危险源。以此为基础，对可能发生事故的类型和规模进行初步判断，对事故的发生发展趋势以及可能造成的后果分阶段进行推测。当某一类型的事故规模存在较大不确定性时，可以假定不同规模等级，分别对事故过程和后果进行推测。根据上述分析，形成对事故情景的构建和描述，并针对事故发生发展的每一个阶段，制定应急处置和抢险救援措施，同时明确执行这些措施的责任主体和具体步骤。上述工作完成之后，要分别针对每一假想事故制定应急处置和抢险救援预案，把明确的事项以文件形式记录下来，并对预案规定的任务所需要的准备工作（包括人员培训、物资储备、预案制定、演练演习等）提出具体的标准要求。

制定应急处置和抢险救援措施应该遵循时效性、有效性和保护性三项原则。时效性是指应急措施必须及时、迅速到位，这样才有可能起到尽快控制事故发展的作用，反应迟缓意味着事故规模可能进一步扩大；有效性是指应急措施要能够对控制事故起到明显作用，把真正有效的关键性措施优先落实到位；保护性是指各项措施应将保护人身安全放在第一位，必须在确保人员安全的前提下实施应急处置和抢险救援。

人们为控制事故规模、减轻事故后果采取的紧急措施，也可能出乎意料地带来新的财产损失、甚至是人员伤亡，此类事件称之为次生事故。例如，居民楼发生火灾，多名居民被困。为进入楼房解救被困人员，救援人员破拆一处墙体，试图打通进入楼房的通道。由于楼房结构受到破坏，在破拆楼房的过程中发生坍塌，造成了人员伤亡。这种情况下，楼房坍塌事故就是次生事故。在特定条件下，次生事故带来的后果也可能比首发事故更为严重。例如，2013 年 11 月 22 日发生的东黄输油管道泄漏爆炸特别重大事故，真正造成大量人员伤亡的爆炸事故，从严格意义上来讲就属于原油泄漏事故的次生事故。对此，必须保持高度警惕，在制定和实施应急处置和抢险救援措施时，充分考虑引发次生事故的可能性，全力避免造成进一步的损失和危害。

　　总之，事故发生后现场情况往往非常复杂，存在各种或明或暗的危险源，应急处置和抢险救援工作面临的风险和困难有时超出想象，因此，对指挥者和实施者的心理、知识和技能要求远远高于常规工作，所以我们强调，事故应急处置和抢险救援决不能打无准备之仗。人员、物资、预案和演练等方面必须有充分的、有针对性的准备，这些准备对事故应急救援的重要意义没有其他任何东西能够代替。

第五章

事故教训的反思

本章以发生在不同行业、不同类型的事故为典型案例，进一步分析事故前导事件、诱因聚集、发生发展三个阶段的表现形式，研究相关活动中存在的风险，以及降低风险的措施。同时，还对事故发生后实施应急处置的方法进行了探讨，力求进一步阐明有效避免事故、控制事故的原则和途径。

一、代价惨重的疏忽

1997 年 6 月 27 日上午 8 时许，一列油罐车停靠在北京东方化工厂的装卸站台上，值班工人正在向原料罐区进行石脑油卸料作业。晚上交接班之前，最后一个石脑油储罐基本达到满装液位，石脑油卸料作业结束。晚上 20 时交接班之后，按照作业任务安排，接班工人要将列车上的轻柴油卸入柴油罐区的储罐中[16]。

无论是特意安排还是偶然巧合，两个接续作业的班次先后实施石脑油卸料作业和轻柴油卸料作业，出现了作业变更的情况。输送流程发生了重大变化，交班与接班人员之间必须密切配合，才能顺利完成作业变更，这就对卸料活动的实施者在沟通协作等方面提出了新的要求。出现这种情形就是此次事故的前导事件。接续的两个班次实施不同的作业活动，尽管不会直接导致事故，但是增加了协调配合的复杂性，由于沟通衔接不到位而造成操作失误的可能性明显增大，使得发生事故的风险升高。

由于从装卸平台到石脑油和柴油两个罐区的管道有一段是共用的，按照操作规程要求，在进行轻柴油卸油作业前，通向石脑油罐区的总阀应该处于关闭状态，而通向柴油罐区的总阀应该处于开启状态。然而实际情况是接班作业人员没有开启通向轻柴油罐区的总阀，而是错误地开启了通向石脑油罐区的总阀。石脑油罐区共有4个储罐，巧合的是，其中最后装满的一个储罐的分阀没有关闭！因此，从列车上卸下的大量轻柴油被错误地卸入到石脑油罐区已经装满石脑油的储罐中。

按照正常的操作规程，交班人员在完成石脑油卸料作业后，应该同时关闭通向石脑油罐区的总阀和通向最后装满的一个石脑油储罐的分阀。调查发现，交班人员只关闭了总阀，却没有关闭分阀，如此一来，防止该储罐错误进入物料的一道屏障失效，出现了一个关键的事故诱因。石脑油储罐没有按照标准安装高液位报警，没有防止满灌溢油的技术措施，重要的安全设施和措施缺失，这是此次事故的另一个诱因。更直接的诱因是接班人员错误地开启了通向石脑油罐区的总阀（而没有开启通向轻柴油罐区的总阀）。至此，事故几个诱因聚集在一起，具备了石脑油外溢的条件，造成大量石脑油（事后估算泄漏量达到 637 立方米）从罐顶的气窗溢出。泄漏是这次事故的第一步，从泄漏开始，随后进入了事故的发展阶段。

石脑油泄漏后在空气中立即挥发，21 时 10 分左右，石脑油罐区的可燃气体报警仪报警。随着泄漏量不断增加，挥发的石脑油与空气混合形成了爆炸性云团，并在微风的吹动下迅速蔓延，21 时 26 分左右遇到点火源发生了第一次剧烈爆炸。

该起事故的发生发展属于过程型，从可燃气体报警仪报警到发生第一次爆炸，间隔了 16 分钟。在这段时间内如果能够及时查清泄漏原因、迅速终止卸料、消除或屏蔽点火源，同时迅速撤离现场人员，爆炸事故就有可能避免，至少可以减少人员伤亡或减少财产损失。但是，要取得上述效果确实有相当大的难度，只有在日常应急准备非常充分的情况下才能做到。例如，要有专门的石脑油外溢事故应急处置预案，值班人员发现石脑油罐区的可燃气体报警仪报警后，能立即停止相关物料泵，或者关闭通向石脑油罐区的总阀；应急通信渠道畅通，现场其他人员能够及时得到通知撤离；抢险人员培训演练到位，处置险情迅速有效；等等。

爆炸发生后，冲击波将乙烯罐区的管道裂断，造成大量乙烯泄漏并燃起大火，随着火势蔓延，更多的管道在火焰炙烤下爆裂，乙烯罐区变成火海。21时42分左右，乙烯罐区内一个球罐爆炸解体，残骸击毁周边油气管线导致另一部分物料泄漏，火势更加凶猛。爆炸冲击波把相邻乙烯罐击倒，乙烯主管线断裂，大量乙烯喷出并迅速爆炸燃烧，对周围建筑物造成严重破坏……事后调查发现，整个过火面积达98000平方米，20余个1000~10000立方米的装有不同物料的储罐损毁，事故共造成9人死亡，39人受伤，直接经济损失达1.17亿元。

从风险管控的角度反思这起事故，我们发现，在传统的管理条件下，石脑油、柴油的卸油作业是一项高风险活动，原因在于无法绝对避免作业人员的操作失误，而一旦出现失误造成事故，后果可能会极其严重。如果能认识到这一点，就应该有针对性地增加风险管控措施。例如，管理措施方面，阀门操作实施双人作业制度，从而大幅度降低作业人员出现失误的可能性；工程技术措施方面，设置储罐液位报警装置以及采用自动联锁紧急切断技术等，用工程技术手段防止物料满溢，减小卸油作业活动的风险。

事故的发生以及造成的后果是完全超出作业人员意料的，漫不经心地开启了一个阀门、稀里糊涂地忘记关闭一个阀门，简单的错误却酿成了灾难。此类错误虽然简单，但却反映了作业人员对安全规矩的态度。可以推测，在事故企业中违章违规行为极有可能是常见的，只是每一次违章违规不一定必然导致事故而已。如果企业把安全规矩作为不可逾越的红线，就应该建立严格的管理制度，确保作业规程得到执行和遵守。除此之外，如果将制度、规程的执行情况作为隐患排查的内容，认真地、经常地进行检查，就可能及时发现并整改存在的漏洞，事故也许就能够避免。羊圈上的窟窿已存在很久了，羊圈里的小羊岂能平安无事？

二、蛮干导致的垮塌

2016 年 11 月 24 日，江西丰城发电厂发生特别重大坍塌事故，造成 73 人死亡、2 人受伤，直接经济损失超过亿元。2015 年下半年开始，江西丰城发电厂实施第三期扩建工程，工程包括两座逆流式双曲线自然通风冷却塔，其中一座冷却塔在施工过程中发生了坍塌事故。该冷却塔于 2016 年 4 月 11 日动工建设，9 月 27 日筒壁混凝土开始浇筑，事故发生时，已浇筑完成第 52 节筒壁，高度达到 76.7 米。按照施工合同约定，这座冷却塔的建设工期为 437 天。

由于设计、采购等原因，实际进度没有达到合同要求，因此，建设单位向总承包单位提出，要精心策划开展"大干100天"活动，加快工程施工步伐。经过几次调整，最终将这座冷却塔的建设工期调整为110天。建设单位、监理单位、总承包单位均没有对工期调整进行论证和评估，也没有制定和采取相应的安全保障措施[17]。

丰城电厂11•24特大事故的前导事件，就是在没有充分论证和评估的情况下，大幅度压缩冷却塔建设工期。这一事件是建设单位经过"精心"策划开展的，是有意识的主动行为，对建筑施工活动带来了一系列影响，大大提升了施工活动的风险。在工程建设中压缩工期是经常遇到的情况，只要严格按照标准规范施工，一般不会带来不良后果，但是，在此案例中，接下来发生的一系列人为事件和环境因素变化，逐步拉近了施工作业与事故之间的距离，这就是诱因聚集的过程：

大幅度压缩工期后，为完成任务目标，施工单位迅速加快了施工进度，从而导致混凝土养护时间不够，强度发展不足；11月21日至24日，当地气温骤降，更延迟了混凝土强度的发展；施工单位尽管计划采取增加早强剂、调整混凝土配比等措施，但都没有真正落实；施工负责人在明知混凝土强度检测结果达不到标准要求的情况下，没有按规定采取相应的安全措施。

至此，事故诱因的聚集过程基本完成，发生事故的条件基本具备，只等起支撑作用的模板被拆除这最后一根稻草落下，灾难就会发生。在上述作为事故诱因的多个事件中，如果在事故发生前有一个消失，或者说有一个促进事故发生的事件没有出现，该起事故就可能不会发生。如果对模板拆除作业存在的风险进行认真分析，就可能发现由于气温较低、养护时间不足带来的巨大风险，进而采取措施，延期拆除模板，73 名工人的生命就可能不会白白丢失！由此我们看到，保障安全需要付出成本，但这些付出远远小于发生事故造成的损失。为保障安全，投入一定的人力和财力对从事的活动进行风险辨识和分析，及时采取有效措施控制风险是非常重要的。更让人震惊的是，在得知混凝土检测结果达不到标准强度之后，施工负责人藐视规矩、置现场人员生命安全于不顾，竟然没有按规定终止模板拆除计划，从而在侥幸心理驱使下走向了深渊……

2016 年 11 月 24 日 6 时许，混凝土班组、钢筋班组先后完成第 52 节混凝土浇筑和第 53 节钢筋绑扎作业，离开作业面。木工班共 70 人先后登上施工平台开始拆除第 50 节模板并安装第 53 节模板。此外，现场还有 22 名工人在进行施工作业。7 时 33 分，冷却塔第 50～52 节筒壁最后完成浇筑的部位突然发生坍塌，然后坍塌部位沿筒壁两侧快速扩展，大量混凝土倾泻而下，施工平台上的作业人员随同混凝土及模架一起坠落，整个坍塌过程持续了 24 秒。

对这起事故的当事者来讲，发生坍塌是完全出乎意料的，但是，坍塌带来的严重后果是能够分析判断的，因此这起事故属于"部分意外"。没有人能准确预测事故的发生，但是对"精心"策划的活动带来的风险是完全能够辨识和评估的。在能够预见一旦发生坍塌事故可能带来严重后果的情况下，活动策划者真正重视的只是缩短工期，而没有对他们的"精心"策划的行为带来的风险进行认真分析，没有意识到事故发生的可能性在"精心"策划之下迅速上升。当气温骤降，事故诱因进一步积累，当事者仍然恍然不知时，事故就降临了。大规模的坍塌造成了严重人员伤亡和巨大财产损失，而在事故的轰鸣声中，"大干 100 天活动"也随之崩溃坍塌了，"精心策划"成了蛮干和冒险的代名词。

此次事故发生发展过程持续时间不足半分钟，属于瞬间型事故，在这一过程中，人们没有办法中止事故的发展，成功撤离现场人员的可能性也很小，事故发生后唯一能做的就是搜救被困人员。

三、坚持到底的冒险

　　2015 年 6 月，湖北省当阳市矸石发电公司热电联产技改项目开工建设。2016 年 4 月，项目主体工程施工结束。5 月 16 日至 7 月 1 日，3 台锅炉和 2 台汽轮发电机组进行了调试。在技改项目的设备采购过程中，采购部门负责人收受贿赂，对蒸汽主管道流量计供应商的相关资质不进行审验，对其产品质量、管理能力不进行考察，对采购的产品没有按规定进行验收把关。流量计生产企业在加工制造过程中没有严格执行技术标准，焊接强度远远达不到高压蒸汽管道焊接标准的要求[18]。

　　蒸汽主管道流量计在采购、制造、验收等环节没有严格执行有关规定和标准是这起事故的前导事件。这些违规行为对蒸汽主管道的安全构成了严重威胁，创造了这起事故的基础条件。在风险极高的情况下，两个诱导因素又相继出现并聚集：

　　一是安装工程结束后，检验检测机构未执行有关规定，没有对该蒸汽主管道进行压力试验和检测。二是热电厂与附近一家化工企业签订了供热和供电合同，从 2016 年 7 月 14 日开始，成为这家化工企业维持正常生产的唯一热源供应单位，8 月 6 日开始，又成为主要供电单位。

蒸汽主管道在投入使用之前，没有进行压力试验和检测，发现并消除重大隐患的最后机会丧失。成为一家化工企业的主要电热供应单位，这就意味着一旦热电厂紧急停车将导致这家化工企业全面停产，从而带来巨大经济损失。因此，热电厂负责人决定实施紧急停车的难度很大。

2016 年 7 月 12 日，热电厂技改项目开始投入了试运行。8 月 10 日凌晨 0 时许，主蒸汽管流量计部位发生轻微的蒸汽泄漏，11 时许，维修人员进行了检查，但未发现泄漏点。次日（11 日）上午 9 时许，泄漏声音增大且管道外层温度升高。11 时许，热电厂负责人查看现场并测量了管道外层温度，发现泄漏部位外层温度已达 360℃。12 时许，蒸汽泄漏声音更大，泄漏处附近的保温棉被吹开，外层温度达到 405℃。13 时许，泄漏声音更加明显且伴随高频啸叫声。13 时 50 分至 14 时 20 分，热电厂调度中心先后三次通过电话与化工企业（热电

用户）进行沟通，通报蒸汽泄漏险情，并要求
紧急停车，14时30分左右，双方开始讨论处
置方案。14时49分，流量计焊缝突然爆裂，
主蒸汽管道断开，高温高压蒸汽从断口处迅猛
喷出，530℃的蒸汽瞬间冲击了人员集中的控
制室。蒸汽管道发生爆裂大约4分钟后，一名
操作人员开始用手动方式对锅炉实施紧急停
车，10分钟后蒸汽泄漏得到控制。事故共造成
22人死亡，4人重伤，直接经济2300余万元。

　　高压蒸汽发生轻微泄漏，可以认为是事故征兆，也
可以认定为泄漏事故，只是还没有造成严重后果，因此，
这起事故在8月10日凌晨发现蒸汽泄漏之后，就不是
"意料之外的事"了，真正出乎意料的是事故发展演化最
后造成的严重后果。在发生高压蒸汽泄漏后，企业负责
人之所以长时间放任不管，在近39个小时的时间内，没
有采取有效控制措施，可能有两种原因。一种是根本不
知道随着泄漏加剧裂口会逐渐扩大，最终可能导致管道
爆裂。如果是这样，就属于典型的无知无畏。热电厂有
许多专业技术人员，对这种状态的高度危险性不会一无
所知，因此这种情形的可能性很小。另一种情况比较可
信，企业负责人完全了解高压蒸汽泄漏带来的极高风险，
但是为了眼前的经济利益而知险不避，凭侥幸心理放任
这种状态持续，因为锅炉停运将同时造成化工企业（热
电用户）紧急停车，必定带来巨大经济损失。在犹豫不

决之中，不忍放弃坚守的冒险，始终下不了紧急停车的决心，一拖再拖，终于把小事故拖成了大灾难。

热电厂主蒸汽管道上的流量计处于关键部位，但是在制造环节就存在重大隐患，焊缝的强度达不到国家强制标准要求。热电厂蒸汽管道属于特种设备，对此类设备的采购、制造、安装、验收和使用等各个环节都有严格的核验检测规定，如果能够严格执行这些规定，一定能够发现此类重大隐患。但是该企业和有关机构都没有严格执行规定，最终使高压蒸汽管道在存在重大隐患的情况下投入了运行。如果企业能够认真执行隐患排查制度，在针对高压蒸汽管道的检验检测情况进行排查时，也很容易发现存在的问题和隐患。遗憾的是，一系列控制风险、避免事故的措施都未能落实。事故恶魔就在"坚持到底的冒险"过程中降临了。

参 考 文 献

[1] "东方之星"号客轮翻沉事件调查报告. 国家安全生产监督管理总局，2015.

[2] 京珠高速 7·22 特别重大客车燃烧事故调查报告. 国家安全生产监督管理总局，2012.

[3] 关于大连中石油国际储运有限公司"7·16"输油管道爆炸火灾事故情况的通报. 国家安全生产监督管理总局 公安部，2010.

[4] 4·28 胶济铁路特别重大交通事故调查报告. 国家安全生产监督管理总局，2008.

[5] 广东深圳光明新区渣土受纳场"12·20"特别重大滑坡事故调查报告. 国家安全生产监督管理总局，2016.

[6] 关于山东省潍坊市昌邑正东矿业有限公司盘马埠铁矿"7·10"重大透水事故的通报. 国家安全生产监督管理总局，2011.

[7] 山东省青岛市"11·22"中石化东黄输油管道泄漏爆炸特别重大事故调查报告. 国家安全生产监督管理总局，2014.

[8] 天津港"8·12"瑞海公司危险品仓库特别重大火灾爆炸事故调查报告. 国家安全生产监督管理总局，2016.

[9] 博安云（bosafe.com）. 徐州市贾汪区贾汪镇岗子村五副井"7·22"瓦斯煤尘爆炸事故分析. 湖北安全生产信息网，2006.

[10] 个人图书馆（360doc.com）. 安全丨血泪教训之中石油吉林石化分公司双苯厂"11·13"爆炸事故，2015.

[11] 山西省襄汾县新塔矿业公司"9·8"特别重大尾矿库溃坝事故调查报告. 国家安全生产监督管理总局，2008.

[12] 本溪龙新矿业有限公司思山岭铁矿"6·5"重大炸药爆炸事故调查报告. 国家安全生产监督管理总局，2018.

[13] 山东滨州博兴县诚力供气有限公司"10·8"重大爆炸事故调查报告. 山东省安全生产监督管理局，2013.

[14] 山西省吕梁地区交口县蔡家沟煤矿"5.18"特大煤尘爆炸事故调查报告. 国家安全生产监督管理总局，2004.

[15] 江苏省苏州昆山市中荣金属制品有限公司"8·2"特别重大爆炸事故调查报告. 国家安全生产监督管理总局，2014.

[16] 个人图书馆（360doc.com）. 北京东方化工厂罐区特大爆炸事故（1997年6月27日），2014.

[17] 江西丰城发电厂"11·24"坍塌特别重大事故调查报告. 国家安全生产监督管理总局，2017.

[18] 湖北当阳市马店矸石发电有限责任公司"8·11"重大高压蒸汽管道裂爆事故调查报告. 国家安全生产监督管理总局，2017.

后 记

　　本书最后一章基本完稿时我恰巧在北京西北方向的一个城市。这里刚刚发生了一起重大事故，一家化工企业发生氯乙烯气体泄漏，导致爆炸并引发了大火，数十人伤亡，几十辆汽车被烧毁，损失十分惨重。国家应急管理部召开了现场警示会，与会者查看了事故现场，观看了部分影视资料。在监控视频中，我们目睹了两个年轻人出现中毒症状后绝望挣扎的悲惨景象，直面了鲜活的生命被无情烈火烧焦的现实。望着眼前一处处被烧毁的残骸，我脑海想象着遇难者被烈火吞噬的瞬间会是怎样的惨烈，他们大多是货车司机，在寒冷的夜晚，为了微薄的收入不得不在货车上过夜。我回忆起这些年来见过的许多事故现场惨烈的景象，回忆起那些失去儿子的母亲无限悲哀的表情，回忆起失去丈夫的妻子撕心裂肺的哭喊，回忆起失去父亲的孩子那孤独无助的泪眼。在大自然的威力造成的灾难面前我们束手无策，在衰老疾病带来的死亡面前我们无能为力，但是，在人的错误造成的事故面前我们怎么能麻木不仁、听之任之呢？事实上，我们并非无可奈何，通过努力即使不能完全杜绝事故，但绝对有能力大幅度减少事故，而要做到这些，并不需要付出太高的代价。

　　面对这些遇难者及其亲属的不幸和痛苦，许多善良的人会流下热泪，但是，并不是所有人能够长久地接受这血的教训。在爆炸事故现场，水泥地面上有一连串清晰的血脚印，这些脚印完整地记录了一个人受伤之后逃生的线路。爆炸突然发生后他的右脚受了伤，鲜血直流，在慌乱中鞋子也丢了。他试图翻越附近的围墙，所以围墙下的地面上有许多凌乱的血迹，围墙上也留下了明显的攀爬痕迹，但是由于围墙太高他没有成功。在绝望中他不停地奔跑，寻找着能够逃生的出路，血还在不停地流，每一次右脚落地就留下一个完整而清晰的暗红色脚掌形图案，他这样跑了很久……一个人如果有了这样的经历，会改变对安全的认识吗？会建立起对安全规矩的敬畏吗？会改变思维和行动方式而不再去冒险吗？我们希望会，更希望发生改变的不仅仅是他本人。

2019 年秋　济南